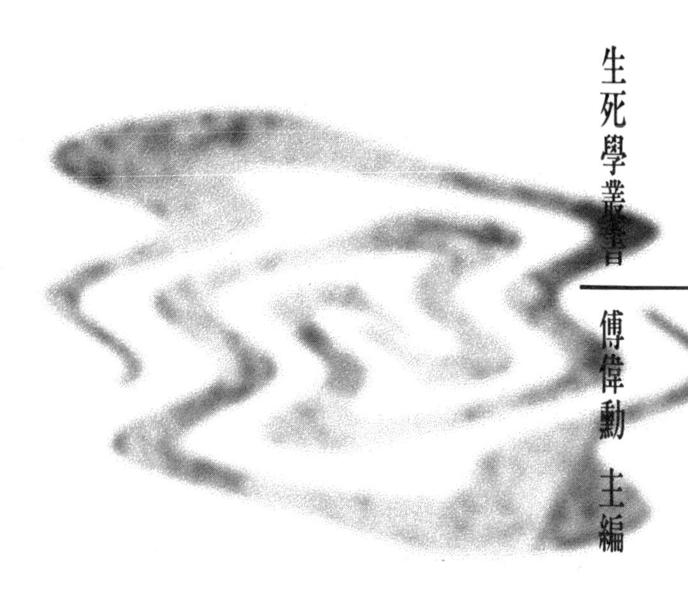

生死學叢書
傅偉勳 主編

透視死亡

大衛・韓汀 著／孟汶靜 譯

東大圖書公司

國家圖書館出版品預行編目資料

透視死亡／大衛・韓汀著；孟汶靜譯.
-- 初版. -- 臺北市：東大發行：三民總經銷，民86
面；　公分. --(生死學叢書)
譯自：Death as a fact of life
ISBN 957-19-2105-X (平裝)

1. 死亡　2. 死亡-心理方面

397.18　　86004552

國際網路位址　http://sanmin.com.tw

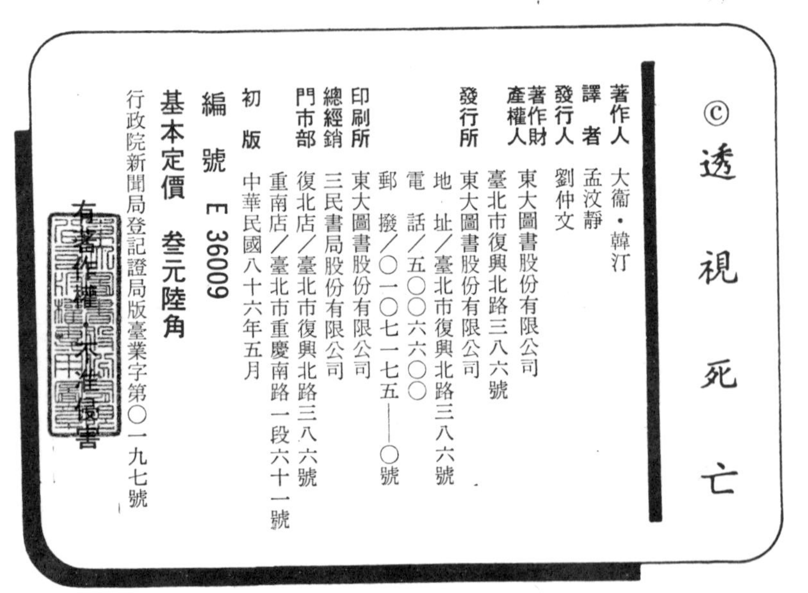
© 透視死亡

著作人　大衛・韓汀
譯　者　孟汶靜
發行人　劉仲文
著作財產權人　東大圖書股份有限公司
發行所　東大圖書股份有限公司
臺北市復興北路三八六號
地址／臺北市復興北路三八六號
電話／五〇〇六六〇〇
郵撥／〇一〇七一七五──〇號
印刷所　東大圖書股份有限公司
總經銷　三民書局股份有限公司
門市部　復北店／臺北市復興北路三八六號
重南店／臺北市重慶南路一段六十一號
初　版　中華民國八十六年五月
編　號　E 36009
基本定價　叁元陸角
行政院新聞局登記證局版臺業字第〇一九七號

ISBN 957-19-2105-X (平裝)

「生死學叢書」總序

兩年多前我根據剛患淋巴腺癌而險過生死大關的親身體驗，以及在敝校（美國費城州立天普大學宗教學系所講授死亡教育(death education)課程的十年教學經驗，出版了《死亡的尊嚴與生命的尊嚴——從臨終精神醫學到現代生死學》一書，經由老友楊國樞教授等名流學者的強力推介，與臺北各大報章雜誌的大事報導，無形中成為推動我國死亡學(thanatology)或生死學(life-and-death studies)探索暨死亡教育運動的催化「經典之作」（引報章語），榮獲《聯合報》「讀書人」該年度非文學類最佳書獎，而我自己也獲得「死亡學大師」（《中國時報》）、「生死學大師」（《金石堂月報》）之類的奇妙頭銜，令我受寵若驚。

拙著所引起的讀者興趣與社會關注，似乎象徵著，我國已從高度的經濟發展與物質生活的片面提高，轉進開創（超世俗的）精神文化的準備階段，而國人似乎也開始悟覺到，涉及死亡問題或生死問題的高度精神性甚至宗教性探索的重大生命意義。這未嘗不是令人感到可喜可賀的社會文化嶄新趨勢。

配合此一趨勢，由具有基督教背景的馬偕醫院以及安寧照顧基金會所帶頭的安寧照顧運動，有了較有規模的進一步發展，而具有佛教背景的慈濟醫院與國泰醫院也隨後開始鼓動臨終關懷的重視關注。我自己也前後應邀，在馬偕醫院、雙蓮教會、慈濟醫院、國泰集團籌備的臨終關懷基金會第一屆募款大會、臺大醫學院、成功大學醫學院等處，環繞著醫療體制暨醫學教育改革課題，作了多次專題主講，特別強調於此世紀之交，轉化救治(cure)本位的傳統醫療觀為關懷照顧(care)本位的新時代醫療觀的迫切性。

在高等學府方面，國樞兄與余德慧教授（《張老師月刊》總編輯）也在臺大響應我對生死學探索與死亡教育的提倡，首度合開一門生死學課程。據報紙所載，選課學生極其踴躍，居然爆滿，出乎我們意料之外，與我五年前在成大文學院講堂專講死亡問題時，十分鐘內三分之一左右的聽眾中途離席的情景相比，令我感受良深。臺大生死學開課成功的盛況，也觸發了成功大學等校開設此一課程的機緣，相信在不久的將來，會與宗教（學）教育、通識教育等等，共同形成在人文社會科學課程與研究不可或缺的熱門學科。

我個人的生死學探索已跳過上述拙著較有個體死亡學(individual thanatology)偏重意味的初步階段，進入了「生死學三部曲」的思維高階段。根據我的新近著想，廣義的生死學應該包括以下三項。第一項是面對人類共同命運的死之挑戰，表現愛之關懷的（我在此刻所要強調的）「共命死亡學」（destiny-shared thanatology），探索內容極為廣泛，至少包括（涉及自殺、死刑、安樂死等等）死亡問題的法律學、倫理學探討，醫療倫理（學）、醫院體制暨醫學教育改革課題探討，（具有我國本土特色的）臨終精神醫學暨精神治療發展課題之研究，老齡化社會的福利政策及公益事業，死者遺囑的心理調節與精神安慰，「死亡美學」、「死亡文學」以及「死亡藝術」的領域開拓，（涉及腦死、植物人狀態的）「死亡」定義探討，有關死亡現象與觀念以及（有關墓葬等）死亡風俗的文化人類學、比較民俗學、比較神話學、比較宗教學、比較哲學、社會學等種種探索進路，不勝枚舉。

第二項是環繞著死後生命或死後世界奧祕探索的種種進路，至少包括神話學、宗教（學）、文學藝術、（超）心理學、科學宇宙觀、民間宗教（學）、文化人類學、比較文化學，以及哲學考察等等的進路。此類不同進路當可構成具有新世紀科際整合意味的探索理路。近二十年來愈行愈盛的歐美「新時代」(New Age)宗教運動、日本新（興）宗教運動，乃至臺灣當前的種種民間宗教活動盛況等等，都顯示著，隨著世俗界生活水準的提高改善，人類對於死後生命或死後世界（不論有否）的好奇與探索興趣有增無減，我們在下一世紀或許能夠獲致較有「突破性」的探索成果出來。

第三項是以「愛」的表現貫穿「生」與「死」的生死學探索，即從「死亡學」（狹義的生死學）轉到「生命學」，面對死的挑戰，重新肯定每一單獨實存的生命尊嚴與價值意義，而以「愛」的教育幫助每一單獨實存建立健全有益的生死觀與生死智慧。為此，現代人的生死學探索應該包括古今中外的典範人物有關生死學與生死智慧的言行研究，具有生死學深度的文學藝術作品研究，「生死美學」、「生死文學」、「生死哲學」等等的領域開拓，對於「後傳統」(post-traditional)的「宗教」本質與意義的深層探討等等。我認為，通過此類生死學的種種探索，我們應可建立適應我國本土的新世紀「心性體認本位」生死觀與生死智慧出來，有待我們大家共同探索，彼此分享。

依照上面所列三大項現代生死學的探索，這套叢書將以引介歐美日等先進國家有關死亡學或生死學的有益書籍為主，亦可收入本國學者較有份量的有關著作。本來已有兩三家出版商請我籌劃生死學叢書，但我再三考慮之後，主動向東大圖書公司董事長劉振強先生提出我的企劃。振強兄是多年來的出版界好友，深信我的叢書企劃有益於我國精神文化的創新發展，就立即很慷慨地點頭同意，對此我衷心表示敬意。

我已決定正式加入行將開辦的佛光大學人文社會科學學院教授陣容。籌備校長龔鵬程教授屢次促我企劃，可以算是世界第一所的生死學研究所(Institute of Life-and-Death Studies)之設立。希望生死學研究所及其有關的未來學術書刊出版，與我主編的此套生死學叢書兩相配合，推動我國此岸本土以及海峽彼岸開創新世紀生死學的探索理路出來。

一九九五年九月二十四日傅偉勳序於
中央研究院文哲所（研究講座訪問期間）

「生死學叢書」出版說明

本叢書由傅偉勳教授於民國八十四年九月為本公司策劃，旨在譯介歐美日等國有關生死學的重要著作，以為國內研究之參考。傅教授從百餘種相關著作中，精挑二十餘種，內容涵蓋生死學各個層面，期望能提供最完整的生死學研究之參考。傅教授一生熱心學術，對推動國內的生死學研究風氣，更是不遺餘力，貢獻良多。不幸他竟於民國八十五年十月十五日遽爾謝世，未能親見本叢書之全部完成。茲值本書出版之際，謹在此表達我們對他無限的景仰與懷念。

東大圖書公司編輯部　謹啟

序

《透視死亡》這本書的初版，是在十年前發行的。在我執筆為這本書的再版寫序的時候，我順便回顧了一下過去十年來的發展，而我十分震驚的發現，這十年間的情況，幾乎沒什麼改變。

本書所探討的論點，主要有下列三項：

——在什麼樣的情況下，個體才算死亡？（第一章）

——末期病人有沒有權利決定自己的生與死？（第三章）

——器官捐贈能不能得到社會大眾的認可，進而成為一件很普遍的事情？（第二章）

時下的狀況，和十年前可謂沒什麼差別。

一九六八年八月間，哈佛大學一個由各領域學者所組成的委員會，提出了一套界定個體死亡的準則。這套準則所依據的標準，是腦死。

十四年之後，也就是在一九八二年和一九八三年的時候，各大報章雜誌都報導了「探討醫學及生化研究道德問題總統委員會」所提供的建議。一九七八年的時候，美國國會決議成立這樣一個委員會。而直到一九八〇年的時候，當時的美國總統吉米・卡特(Jimmy Carter)才委派了十一位委員。一九八二年的時候，該委員會發表了第一份報告——「界定死亡」，這份報告建議，用永久性喪失全部腦功能，作為界定死亡的主要依據，這和哈佛大學委員會一九六八年提出的準則，基本上是一樣的。

這個總統委員會並且和美國律師協會、美國醫學協會、以及統一各州法律國家委員會，共同起草了一份界定死亡的模範法規。截至目前為止，美國已經有十二個州採用這份新法規，但願這份法規，可以解決各州法律在死亡定義上的混亂現象。

一九八三年的時候，上述的總統委員會又發表了另一份報告——「放棄維生治療的決定」。這份報告建議，精神狀態健全的絕症病人，應有權停止使用對他們的病況沒有幫助的維生治療。該委員會並且建議，精神狀態不健全的病人，可由家屬代其作出上述決定。

這和邁可・蘇利文法官在一九七二年的時候所作的一項判決，在精神上是一致的。在那項判決裡，蘇利文法官裁決格楚德・洛曲(Gertrude Raasch)太太，有權不接受醫院所建議的治療法，「以便讓她在上帝的召喚下，自然安息。」

過去十年間，最廣為人知的「死亡與尊嚴」案例，當推凱倫・安・昆蘭(Karen Ann Quinlan)

的案例，自從凱倫在一九七五年四月十四日陷入昏迷之後，便一直依靠人工呼吸器維生。她的父母簽署了一份聲明書，要求醫生和位於新澤西州丹威爾市的聖克雷耳醫院關掉凱倫的人工呼吸器，但是由於院方害怕凱倫的父母，日後會提出不當治療的控訴，因此拒絕合作。於是昆蘭家族要求法院判決凱倫的精神狀態不健全，並且指定凱倫的父親裘瑟夫擔任凱倫的監護人，然後裘瑟夫再以監護人的身份，要求院方關掉凱倫的人工呼吸器。可是這項訴求，卻被低等法院駁回。一九七六年三月三十一日，新澤西州高等法院一致決議，假如凱倫的主治醫師和院方的醫療小組均認為，凱倫的復原機會「微乎其微」的話，可以關掉凱倫的人工呼吸器。新澤西州高等法院並且判決，假如院方按照上述指示關掉凱倫的人工呼吸器的話，將不必負任何民事或刑事責任。然而，當院方關掉凱倫的人工呼吸器之後，凱倫卻沒有死，截至目前為止，凱倫仍處於昏迷狀態，現在她住在新澤西州莫里斯草原市的莫里斯看護之家裡。她現年二十九歲，身高五呎四吋，體重七十六磅。她是所謂的植物人，時時徘徊於生死之間。護士每兩小時為她翻一次身，以免她長褥瘡。

一九八〇年代時，各大媒體最常報導的死亡和瀕死新聞，乃是器官捐贈和器官移植方面的新聞。當然，史上最受人矚目的器官移植手術，乃是一九六七年的時候，由克里斯汀・巴納德(Christiaan Barnard)醫生所執行的首次人體心臟移植手術。然而，繼早期幾次大膽的器官移植手術後，一九七〇年代的器官移植手術，有遞減的趨勢。

但是一九八〇年代初期的時候，大眾傳播媒體卻曾經在幾個星期之中，一連報導了好幾件和人體器官移植有關的新聞，以及一件人工心臟移植的新聞。媒體多半是應焦急家屬或醫生的要求，公開為垂危的病人（大多是兒童），徵求合適的器官。連當時的美國總統，都曾經為了挽救一位十一個月大的德州女嬰，而在一九八三年七月二十三日，公開為她徵求一枚肝臟。

美國「社會、道德、及生命科學院」的阿瑟‧凱普倫(Arthur Caplan)曾經指出，「令人難以置信的是，美國居然沒有任何一個機構，掌理器官捐贈人和器官接受人的配對事宜。美國也沒有設立國立的器官捐贈登記處。可悲的是，目前百分之九十五以上的器官和組織，來自於不到百分之十的醫院，而這些器官和組織，可以幫助病人恢復視力、生理功能、以及生命。」可惜，特別為這個需要而建立的「統一解剖贈禮法案」（本書第二章會討論這個法案的某些細節），迄今尚未生效。

某些人斷言，國際性的人體器官黑市，一定會應運而生。而可供移植用的某些人體器官，目前在黑市的售價，已高達二萬五千美元。

然而，這些問題雖然已經存在十幾年了，但是情況卻一直沒什麼改善。在醫院的急診室裡，悲劇一次又一次的重演，唯一改變的，只是受害人的姓名而已。我們究竟要等到什麼時候，才肯去正視這些問題呢？

有些人覺得，各式各樣的生與死問題，實在把他們搞得一頭霧水。人們覺得很奇怪，為什麼某些時候「人工」維生法會受到質疑，某些時候卻不會。

約翰・霍普金斯大學(Johns Hopkins University)醫學院心臟外科主任布魯斯・瑞茲(Bruce A. Reitz) 表示，「我們必須面對現實，這種高科技非常昂貴，它或許對每一個人都有好處，但是並不是每一個人都用得起這些方法。」

我們只能期望，現在以及未來的醫生，能夠按照個人以及社會大眾的意願行事。我們必須重新教育醫生，以使他們瞭解，只顧拼命維持病人的「生命」，完全不顧其它的事情，並不一定正確。當然，執行器官移植手術，以及使用暫時維持吸呼和血液循環功能的儀器等極端作法，一定可以幫助一些人。問題是，我們可不可能預先知道，這些醫療法可以幫助哪些病人，會使哪些病人承受更多的痛苦？答案是，不能，我們只能憑知識與經驗，作最佳的判斷，而隨著時間的流逝，我們的判斷會愈來愈正確。

過去十年來，死亡與瀕死論題最大的變化是，探討這些問題的書籍，增加了許多。回顧一九一九年的時候，H. L. 曼肯(Mencken) 曾經在《精妙的裝置》一書中寫到，「假如你到公共圖書館去查看『死亡：人類』的書目卡的話，你會很驚訝的發現，這一類的書籍實在很少。」

即使到了一九七三年的時候，彌耳頓・梅爾(Milton Mayer)仍然在《假如人類是天使》這本探討死亡問題的著作裡指出，「單薄的書目充分顯示出，我們對這類問題的忽略程度。」

事實上，我發現一九七三年的時候，其實已經有許多這方面的書籍、專題論文，以及數百篇文章可供參考了，只不過這些書籍和論文，大部分是學者專家所寫的學術性論著罷了。

一九七四年的時候，哥倫比亞大學(Columbia University)的奧斯汀・卡斯雀耳(Austin Kutscher)博士，曾經在《醫學內部檔案》裡，發表了一篇評論〈假如人類是天使〉的文章，他在文中指出，「對出版商和編輯人員來說，死亡這個論題，已經不像五年前那麼封閉了。」十年後的今天，探討死亡和瀕死問題的書籍，已經多達二百多本，其中包括學術性和大眾化的著作，以及一些探討死後生命的著作。

那些探討死後生命的著作，尤其震撼人心。而卡斯雀耳博士其實早就預見這類書籍的問世，他曾經在一九七四年的時候警告，「死亡最大的危險是，它和性一樣，經過一段時間後，便會演化出一種失控的猥褻文學。」事實的確如此，繼一大堆誠懇、踏實地探討死亡問題的著作之後，美國社會旋即出現了一堆探討死後生命的書籍——而這些著作所涉及的內容，並不只是哲學層面的問題而已。

那些敘述「從陰間返回人間」以及「靈魂出竅」的暢銷書，既令人精神為之一振，又令人感到有點害怕。死亡是一個過程，不是一剎那的時間。因此，從死亡本身的定義來說，它的確是人生的終點。然而，連伊莉莎白・古柏勒—羅斯(Elisabeth Kübler-Ross)這位正派研究死亡與瀕死問題的先驅人物，都加入了這個陣營，她曾經公開表示，「某些去世的病人又活過來了……。」事實上，我想羅斯博士以及雷蒙・木迪(Raymond Moody, Jr.)博士等在論著中談論這些事情的學者，其實並不是在探討死後生命的問題，他們只不過是在記錄許多病人都經歷過的「瀕死」幻象而已，這些病人的身、心，都曾因大手術或心跳暫時停止，而受到嚴重的傷害。

我這本書裡，並沒有探討任何死後有沒有生命的問題，也沒有探討死亡的宗教意義。我認為這種事情見仁見智，它們應該隸屬於哲學和宗教的範疇。但是這些「用真實故事去敘述死後的確有生命」的書籍，居然在美國一下子就賣了幾百萬本，豈不是一個很有趣的現象嗎？

根據這類書籍驚人的銷售量，我們或許可以推斷，美國人對遺體冷藏——也就是把死掉的人冷凍起來，等日後科技更昌明的時候，再將他們解凍，並使之復活——仍然十分神往（見本書第八章）。無論如何，過去十年來，人們對遺體冷藏的興趣，並未消失。而某些書評卻批評我在本書中，花費太多篇幅討論遺體冷藏的問題。

我現在對遺體冷藏這件事情的看法，和我十一年前差不多，我認為遺體冷藏這件事情，在科學上並沒有太大的價值。但是它象徵一種觀念。一群先入為主的人，天真的期望，被冷凍起來的死人，有一天能夠在解凍之後，重新復活這件事，可以顯示出，我們這一代人對生命的看法。這和古埃及人的埋葬方式，可以顯示出他們對生命的看法，是同樣的道理。因此，假如我是現在執筆寫這本書的話，我很可能不會花那麼多功夫去探討遺體冷藏的問題；我會把精神放在一九七〇年代中葉及末葉時，深受美國人重視的死後生命(Life after Life)的問題上。

這類書籍的最新趨勢是，提供各種延長生命的訣竅，而這類書籍也避而不談死亡與瀕死的問題。其中最暢銷的兩本書，當推《將生命延長到極限》以及《延壽》。

因此，雖然探討死亡問題的著作增加了許多，但是西格曼德・佛洛伊德(Sigmund Freud)一九一八年所說的話，仍可謂是真知灼見：「我們向來把死亡這檔事放在一邊，我們根本就把它從生命中除掉了。」

要完成這麼一本書，得參考生物學、醫學、法律、神學、以及社會科學領域中，許許多多的資料，我無法將提供我寶貴意見的科學家、作家、記者、和著作，一一詳細列出。但是在此，我要特別向時下幾位研究死亡與瀕死問題的先驅人物致謝，他們是：伊莉莎白・古柏勒—羅斯博士；奧斯汀・卡斯雀耳博士；赫門・費佛(Herman Feifel)博士；巴尼・葛雷舍(Barney G. Glaser) 博士；安松・史特勞斯 (Anselm L. Strauss) 以及西希里・桑德斯 (Cicely Saunders) 博士。

許多資料是在實際訪談中得到的，這些接受訪問的人，非常慷慨地給予我他們寶貴的時間。另外，還有許多醫生及社會人士，也提供了一些寶貴的病例和祕聞。

在我收集資料的過程當中，曾經得到許多單位和個人的協助，在此特致謝意。

我尤其要感謝「社會、道德及生命科學院死亡及瀕死問題研究小組」的負責人里昂・凱斯(Leon Kass)先生，他特許我參加該小組的討論會。

最後，我要感謝幾位幫我閱讀初稿，並且提供寶貴意見的人士，他們的建議我曾經一一思考過，並且接受了其中大部分的建議。無論如何，本書的所有觀點和錯誤，概由作者全權負責。

大衛・韓汀　一九八三年八月於紐約

透視死亡

目次

「生死學叢書」總序
序
第一章 重新定義死亡……1
第二章 器官移植手術：你可以帶走的東西……39
第三章 安樂死：讓他安息吧！……59
第四章 瀕死病人……97
第五章 醫生與死亡……129
第六章 兒童與死亡……149

第七章　哀慟與永別……177
第八章　死亡與遺體冷藏……203
第九章　把地讓給活人……231

第一章　重新定義死亡

「死亡啊！你的毒刺在那裡？」

——哥林多前書 15：55

F太太是一位五十歲上下、體型略胖的婦人，過去七個星期以來，她天天坐在美國西部地區一家大醫院私人病房裡的灰色皮椅上。她身旁的單人病床上，躺著她的大兒子肯。

一位熟悉這個病例的醫生指出，「肯得的是一種急性的多發性硬化症。」這位二十二歲的年輕人，已經昏迷將近二個月了。他對外界的事物沒有任何反應，也不會開口說話。當他張開雙眼的時候，他眼裡所盛裝的，只有空洞的目光。由於他無法下床，因此他的排泄物是經由繫在他身上的一條透明塑膠管，在不知不覺中，排進塑膠袋裡的。

醫生說，這個大男孩的腦子已經死了，他身上其它的神經系統，也在迅速退化。他不可能復原，他的神智也永遠不可能回復。如果不是借助人工維生裝置的話，他的呼吸和心跳早就停止了。

肯的母親非常仔細的監督醫護人員操作機器和靜脈點滴，靜脈點滴是維持她兒子生命的唯一養份。

醫生說，「這個大男孩已經成了植物人，他不會復原的。他再也不可能認出自己的母親，或者其它任何人了，可是他的母親卻不肯放棄。肯的確可以像這樣再『活』好幾個星期。但是這樣活著實在沒什麼意義，他只是一個植物人。」

肯每天的醫藥開銷，超過一百五十塊美元。而F太太除了回家睡覺之外，其餘的時間全部待在醫院裡，她拋開了她的家，她的丈夫和兩個女兒。

醫生說，「他們把自己搞得很慘，這件事情把她的家庭弄得四分五裂。」

醫生接著指出，雖然F先生勸過自己的太太，但是F太太聽不進去。因為「作母親的不能，也不願意接受自己的兒子已經死掉的事實。她堅持『他還沒有死，他的心臟還在跳動，他還在呼吸。』」

沒錯，他的心臟的確還在跳動，他也還在呼吸，但是這些都是在心肺復甦器的幫助下才有的生命現象。肯的腦子已經死了，而且永遠不會復原了。如果不用心肺復甦器的話，他的心跳和呼吸，早在數天前就停止了。肯究竟應該算活人，還是只能算一具靠機器維生的生物體？

哈佛大學神經學家羅勃・盧瓦布(Robert Schwab) 博士質問，「究竟什麼時候才能把這些病人的插頭拔掉，以便讓其它有希望活下去的病人，使用這臺昂貴的儀器呢？」

數千年來，死亡的定義，相對而言，一直十分簡單明確。死亡向來是指生命機能的停止。然而今天，什麼時候才算死亡，已經演變成一個非常複雜的問題：究竟什麼是主要的生命機能？它們停止到什麼程度，生命才算結束？人工維生器的任務是什麼？

近年來，有許多人談論死亡的新定義。現代人經常在談話間，提起這個不太明確的定義，「心臟停止並不代表死亡。當腦子停止工作的時候，才算真正的死亡。」然而，即使是根據最新的醫學知識而言，這個說法都不太正確。當一個人的心臟停止跳動，肺部停止工作，而且這兩項機能都無法回復的時候，這個人便算死亡了。但是「假如」這些生命機能在人工維生器的幫助下，可以繼續保持下去的話，就像肯的情況那樣，那麼醫生可能會用較新的標準去界定死亡。雖然相對而言，這種例子目前並不多，但是它的數目一直在增加。

以前的人認為，沒有呼吸便沒有生命，後來人們又認為，沒有心跳便沒有生命（我們的老祖先並沒有把這兩件事情連在一起）。對我們的老祖先而言，心跳以及呼吸作用減弱，乃至停止的時候，就表示生命結束了。根據某些《聖經》譯本，〈創世紀〉裡記載著，「亞伯拉罕壽終正寢了，他的死因是年邁體衰。」因此，在《聖經》年代裡，死亡是指生命火花的熄滅。那個年代的人，所知非常有限。

直到一八二一年時，J・G・史密斯(Smith)才在《法醫學原則》裡，提出了一個界定死亡的含糊定義。他指出，「雖然沒有人敢說，他很清楚構成生命的是那些東西，但是我們都知道所謂的生命現象是什麼。只要一提到生命，我們馬上會聯想到死亡。所謂死亡就是指，我們所熟悉的生命現象停止了。」

因此，打從人類開始記載歷史以來，一直是使用非常直接了當的標準，去界定死亡，雖然那些負責鑑別生死的人，並不清楚他們的標準，在解剖學和生理學上，具有何種意義。反正只要一個人的心跳和呼吸停止了，就表示這個人死了，不會再醒過來了。可是後來人類發現，事情其實沒有這麼簡單。

人類對自己複雜奧妙的身體知道得愈多，人類對生與死的好奇心就變得愈重。十八世紀的時候，探討外觀死亡以及「生機暫時停止」的書籍與研究工作相繼問世，而人類對死亡的問題也因此愈來愈感興趣。「慈善救助會」(humane societies)就是在這個時期應運產生的。這些組織的目標，是儘可能的挽救那些因溺水、窒息、被閃電擊中，而呈現出死狀的人。這個慈善運動肇始於歐洲，史上第一個是類組織，是一七六七年的時候，在阿姆斯特丹成立的。爾後，威尼斯、巴黎、倫敦、蘇里士等都市，也相繼成立了類似的組織。

一七八〇年的時候，隨著「費城慈善救助會」的成立，美國亦加入了這場運動。一七八六年的時候，麻塞諸薩州的一個團體，也成立了一個救助會。(這些以人類為關懷對象的慈善救助會，是今日動物保護協會的前身。時下的人道組織，例如：總部位於科羅拉多州丹佛市的「美國慈善協會」，其實仍然十分關懷人類，尤其是兒童和社會福利。「美國慈善協會」將百分之十的資源，放在兒童福利上，其餘的資源則用來保護動物。)

然而，雖然這些組織的成員非常具有愛心，但是某些人對他們的作法，卻不表贊同。一七九〇年的時候，應邀到麻塞諸薩州慈善救助會的年度大會上致辭的班傑明・瓦特赫斯(Benjamin Waterhouse)醫生，曾經針對口對口人工呼吸指出，「把你自己呼進去的空氣吹到別人的肺裡，是一件荒唐而且有害處的作法。」然而，如此荒謬的意見，並未使倫敦皇家慈善救助會的威廉・赫斯(William Hawes)等人，放棄他們的救人理念。赫斯是一位住在泰晤士河附近的藥劑師，只要有人將溺水不久的人送到他家去，他一定獎賞施救的人。一七八〇年的時候，他在一份流傳很廣的「懸賞文告」裡寫到，「本人願意付給每一位善心挽回任何兒童或成人性命的護士和社會人士一塊金幣的獎賞，所提事實須經醫生證實，或由三位可靠人士證明；我希望藉此喚起世人對這個重要問題的注意。」

今天，這個一度頗具爭議性的急救方法，即是所謂的「口對口人工呼吸法」，許許多多的醫生和社會人士學過這套方法。這個方法已經挽救過成千上萬的人命。

這些慈善救助會的成員，有許多是「啟蒙運動」裡的頂尖醫生，他們在自己的工作領域裡，都享有盛名。我們今天所遵奉的某些規範，例如：由醫生簽署死亡證明書、死刑犯專屬牢房、死後不得立刻下葬的規定等等，皆是慈善運動的產物。這些救助會提供獎金和獎品，獎勵從不同的角度去探討恢復神智以及界定死亡方面的論文。

這些醫生也小心謹慎的審察了被大眾廣為接納的死亡徵狀，其中包括呼吸和脈搏的停止，身體變得蒼白、寒冷、僵硬、括約肌鬆弛，以及身體腐敗這個「唯一無庸置疑的徵狀」。慈善運動也使得一些新的死亡徵狀，得以被認可，例如：瞳孔的固定與擴散，以及聽診時心臟沒有聲音等等。繼而出現的，是一些「探測生命」的方法，比方說：對著死者吹喇叭以探測其聽覺反應，以及用電流去探測死者的肌肉反應等等。

在早期慈善運動的影響下，一八〇〇年代的法醫學家，通常會列出死亡徵狀，但是由於他們過份依賴這些徵狀，因此出錯的機會反而更大。某些法醫學家認為，身體僵硬是非常明顯的死亡徵狀，但是不贊成這種說法的法醫學家，則長篇大論的說明，屍體僵硬和僵硬性痙攣二者，雖然非常類似，但卻有所不同。雖然如此，當時的法醫學家多半比較仰賴那個時代的新準則，比方說：用電流去刺激肌肉，看肌肉會不會收縮等等。

許多這方面的早期工作，是因為受到過早下葬、過早解剖，以及假死現象的刺激，才發展出來的。幾位聰明的男士，甚至發明了一種「活埋指示器」，以探測是否有人遭到活埋。這種安裝在棺材裡的指示器，多半非常的複雜巧妙。棺材裡的人只要稍有活動，墓上就會立刻豎起一面旗子，或者發出聲響。由於當時的人非常害怕自己被活埋，也非常害怕把別人活埋，因此他們勠力搜集鑑別死亡的資料。

一八九〇年的時候，提議把屍體暫時存放在墓園的停屍間，直到開始腐敗時才下葬，以避免活埋事件的梅茲(Maze)醫生，榮獲那一年的「普利克斯・達斯給特」獎，以及二千五百法朗的獎金。除了梅茲醫生以外，還有幾位人士提出它種防範活埋事件的探測方法。這些被許多人要求執行的探測方法，多半用外科方式去驗證死亡，例如：下葬前先在身體上割個口子，淋些燙水，或者用燒紅的鐵塊燙一下皮膚，以確定被埋葬的人是不是真的死了等等。

然而，幾個世紀之後的今天，人類對死亡徵狀的描述，仍然是一成不變。威廉・波(William Poe)醫生在《家中的老人》一書中，是這樣描述死亡的：「眼珠固定不動，散開的瞳孔對光線毫無反應。心臟及呼吸停止。嘴巴可能微張。皮膚變得蒼白寒冷。碰到床鋪的那一部分皮膚，可能會變青或變紫——這叫屍斑。三十分鐘到六十分鐘後，四肢會僵硬——這叫死殭。」

對比較不嚴謹的人來說，這些一向是非常明確的死亡徵狀。然而今天，我們必須從不同的層次去審察這些現象。不同的學門對死亡有不同的定義：醫學上的死亡是指，生命機能的停止；生物學上的死亡是指，身體各器官和組織的單純生命作用停止了；神學上的死亡一般是指，靈魂離開肉體的那一刻；法律上的死亡則是指，法院判決某人死了，那人就算死了。

要不是現代科技把這個問題弄得一團混亂的話，波醫生的死亡定義，甚至更早期的死亡定義，對現代醫生而言，已經足夠了。不管以前出現過多少混淆視聽的探討，也不管以後會出現多少令人困惑的討論，總之在正常的情況下，只要呼吸作用和循環作用停止了，而且無法再恢復的時候，就表示個體已經死了。這些一直都是絕對充分的死亡標準，因為如果沒有這兩個維持生命的必要機能的話，血液無法在體內循環，人腦也無法獲得賴以為生的氧氣。

然而，在科技的干擾下，愈來愈多的病例無法再採用這套標準，去鑑別生死。世界各地的醫院，天天都使用心臟按摩、化學藥劑、電擊、以及心肺復甦機去幫助病人恢復心跳。人類發明了心肺復甦機、心律調整器、人工呼吸器、甚至人工心臟。在某些情況下，這些設備可以無限期的維持病人的呼吸作用和心跳。

現在，把因心臟病發、意外事故、電擊、溺水、冷凍而呈假死狀態的人救活，已經不算新鮮事了（幾年前這些人必死無疑）。假如慈善救助會的威廉・赫斯先生，今天提供每挽回一條人命，便贈予一塊金幣的獎賞的話，他恐怕很快就破產了。由於許多人在手術中或手術後不久，會因為心跳突然停止而「死亡」，因此大部分的醫院會在病人身上安裝緊急告示系統。醫護人員和急救設備更是二十四小時待命，只要心跳停止的警訊一出現，他們立刻進行搶救工作。有一位病人，在古老的「心跳停止」的定義下，死過九十多次，可是自從他安裝了一個心律調整器，以確保心臟功能的健全後，他一直過著十分活躍的生活。

堪薩斯大學的威廉・威連森(William P. Williamson)博士，曾經在《美國醫學協會雜誌》中指出，「以前，只要病人的心跳停止了，就表示病人死了；可是現在，這只是一種被稱之為『心臟歇息』的醫療併發徵狀。」「以前，呼吸作用停止了，也毫無疑問象徵著死亡，可是現在，一種叫作人工呼吸器的巧妙機器，可以非常有效地更正這個徵狀。」

現代的死亡標準，已經是從前的醫生連作夢都想像不到的，而現代的醫療技術，則使得這個標準，變得更難辨識。這種情況所造成的迷惑和不明確，很可能會對社會結構中的某些要素，造成長遠性的影響。舉凡殺人罪、埋葬、器官移植、家庭關係、代理投票、遺囑等事宜，都和清楚明確的生死概念有關。此外，生死的不明確，也很可能會對親人的社交、經濟和心理，造成嚴重的影響。

時下的醫生，應不應該繼續把心跳和呼吸作用，當成主要的死亡標準呢？在機器干擾極為盛行的前提下，比較明智的作法，應該是根據腦的狀況去鑑別生死。數千年來，人類一直認為，心臟是控制情緒的樞紐，因此當我們罵一個人心死了，乃是對這個人的一種嚴重侮辱。雖然現在我們仍然會習慣性的用「有沒有良心」之類的話，去表達心臟的角色，但是其實我們很清楚，控制人類智慧和情緒的樞紐，其實是人腦。是故，現代人用腦死作為主要的死亡標準，乃是無可厚非的事情。

波士頓神經外科醫師黑尼柏・漢林(Hannibal Hamlin)指出，「雖然多年來，心臟一直被視為盛裝生命血液的聖杯，但是人類的活力，其實來自腦部，不是來自心臟。」丹騰・庫力(Denton Cooley)醫生，也曾經闡述過類似的觀念。庫力指出，「人腦是人體唯一享有特權的器官。舉凡個性、思想、心性、靈魂等無形的東西，都隸屬於人腦的管轄範圍……。它賦予人類認知、整合資訊、集中思想的能力……，這是人類有別於其它動物的原因。」

事實上，直到最近人類才發展出測量腦部活動的方法。畢竟，人類一直把不停跳動的心臟，視為生命的象徵。對早期的醫生來說，探測一個人的心臟是不是還在跳動的方法，就是把耳朵貼在那個人的胸口上聽聽看。聽診器以及心跳電波機等儀器的問世，大大改善了這個狀況；然而更重要的是，這些儀器使得判斷一個人的心臟是不是還在跳動這件事，變得非常簡單。

今天，由於我們對人體組織和機能的瞭解愈來愈清楚，再加上腦波電位記錄裝置（一種測量腦皮層帶電活動的機器）的問世，因此人類已經開始學習，如何判斷腦死了。

雖然促使醫生意識到，有必要重新界定死亡標準的東西，乃是先進的復甦及維生技術，但是擦掉生與死之間模糊界線的首要事件，當推一九六〇年代後期所發生的外科革命——心臟移植手術。重新定義死亡，對人體器官移植手術而言，至為重要。

的確，由於缺乏可以被世人普遍接受的死亡標準，至少有一位傑出醫生的前途，因此受到影響，而且很可能還奪走了至少一位病人的生命。密西西比大學外科醫生傑姆斯・哈迪(James D. Hardy)，是第一位執行人體肺臟移植手術的醫生。如果不是因為一連串罕見的情況的話，他很可能也是第一位執行人體心臟移植手術的醫生——比一九六七年在南非格魯特・蘇耳醫院(Groote Schuur Hospital)第一次成功的執行人體心臟移植手術的克里斯汀・巴納德(Christiaan Barnard)醫生，還要早上好幾年呢！有好幾次，哈迪醫生用儀器維持住捐心人的生命，可是萬事俱備之後，卻找不到適當的病人可以接受心臟移植手術。一九六四年的時候，有一位病人必須接受心臟移植手術，否則性命難保，可是這次醫生卻沒辦法十拿九穩的宣佈捐心人已經死亡，在不得已的情況下，哈迪醫生等外科醫生，決定移植一個黑猩猩的心臟到病人身上。這個猿猴的心臟在病人體內大約跳了九十分鐘，可是它終究無法為病人的身體，提供足以維生的血液，結果病人死掉了。假如這群外科醫生當初可以斬釘截鐵的宣佈捐心人已經死亡，然後立刻執行人體心臟移植手術的話，誰知道結果會怎麼樣？

缺乏明確的死亡標準，也引發了一些稀奇古怪的問題。一九六八年的時候，德州外科醫生丹騰・庫力所執行的一項心臟移植手術，便造成了一些很複雜的法律問題。捐心人克萊倫斯・尼克斯(Clarence Nicks)，在酒吧的打鬥事件中，被嚴重毆傷，他的腦部也受了重傷。根據休士頓聖路克醫院的記錄，他的腦子連續數小時沒有帶電活動，他也沒有任何生理反射作用。由於他的神智不可能再回復了，因此院方關掉了他的氧氣機，並且把他的心臟移植到強・史塔曲威虛(John Stuchwish)的身上。史塔曲威虛活了很久。問題是，這個心臟移植手術擾亂了審判尼克斯攻擊者的法律程序，因為心臟移植手術影響到兇殺案中必要的驗屍程序。當初，庫力的醫療小組是在獲得一位郡級醫務官員應允不對他們「隱藏」或「毀滅」證據——此處指的是心臟——採取任何法律行動後，才決定執行心臟移植手術的（這不禁使人想起了艾德格・艾倫・波(Edgar Allan Poe)這位恐怖小說家所寫的《心臟證據》」。此外，代表被控殺害尼克斯兇手的律師，很可能會辯稱，被害人並不是在腦功能停止，院方正式宣佈其死亡的時候死掉的，而是後來在心臟移植手術中死掉的，因為根據庫力醫生的說法，在心臟移植手術之前，被害人的心臟雖然不是真正的在跳動，但是它仍在「微弱的顫動」。那麼，到底尼克斯是被人打死的，還是被取出他心臟的那位醫生謀殺的？或者，更混亂一點的講法是，由於尼克斯的心臟還在史塔曲威盧的體內跳動，因此尼克斯真的死了嗎？另一方面，由於史塔曲威盧的心臟被拿出來丟掉了，因此史塔曲威盧真的還活著嗎？假如你是這件案子的陪審人員，你會怎麼判這個案子？

在這個案子裡，關鍵問題應該是「被害人是什麼時候死掉的？」

首先我們必須瞭解，除了在法院那種嚴格、精密的環境裡，精確的死亡時刻是不存在的。培理・梅森(Perry Mason)很可能會在法庭上問：「醫生，被害人是不是在早上九點五十二分的時候死掉的？」這是在法庭上必然會問到的問題。但是死亡其實是一個由許多事件串連起來的過程。法國的皮耶・穆勒(Pierre H. Muller)醫生，曾經在《世界醫學雜誌》裡指出，「死亡其實是一個過程，而非法律上所認為的，是一個時刻。在這個過程中，一連串的物理和化學變化，在法定死亡時間來臨前，會先行發生，死亡後，這些變化仍會繼續進行。」在死亡的過程中，有一個回天乏術的分界點，一般而言，醫生可以診斷出這個分界點。當一個人的生命行進到這個分界點的時候，任何東西都無法挽回他的性命了。

一位堅信死亡是一種過程的醫生，曾經在一八三六年的時候，發表過如下的有趣見解：「猝死的人，不論是因為受傷、生病、或者砍頭而死的人，並不是真正死掉了，他們只不過是進入了一種，和持續性的生命狀態不相容的狀態罷了。」這是早期區分肉體死亡和細胞死亡的說法。

人類的死亡過程，也就是人類從有生命力的階段，衰竭到另一個階段的過程，有快有慢。而其速度則因年齡、生理狀況、病人周邊的環境以及死因而定。然而，不論將死之人四周的環境如何，在絕大多數的情況下，死亡過程有一定的順序，那就是從臨床死亡，到腦死，到生物死亡，到最後的細胞死亡。

臨床死亡指的是呼吸作用和心跳的永久性自然停止，也就是血液停止循環，腦部無法再獲得氧氣。此刻如果不立刻使用人工回生器的話，病人會馬上進入腦死階段，因為在正常的體溫下，人腦只要缺氧片刻便會死亡。腦部組織並且無法像人體大部分的組織那樣，可以復原或者再生。如果臨床死亡發生後，立即啟用回生方法的話——這要視死因而定——病人有可能復活，甚至有可能完全復原。但是另一方面，啟用回生方法，並不一定可以避免腦死。

人腦和人體一樣，也是逐步的死亡。缺氧的時候，人腦最先死亡的部分是高度進化的腦皮層，這是記錄感覺的區域，也是啟動自發性行為的區域。腦皮層也是儲存記憶的地區之一，它是作決定的地方，也是進行高級思考的地方。

接著是中腦的死亡，然後是腦幹的死亡。假如腦的上層部位——大腦，受到永久性傷害，但是腦幹未受傷害的話（腦幹是神經系統下層部位裡，最原始、最重要的部分），個體雖然會永久性的失去一些意識，但是不會損及心跳和呼吸作用。即使腦中更原始的部位——也就是在人類演化過程中最早形成的部分——受到永久性傷害的話，個體的生理功能仍然可以持續一段時間。當腦的構成要素全部死亡的時候，個體便進入了生物死亡，或者生命永久性停止的階段。緊接著，個體會進入細胞死亡的階段；由於身體各部位的細胞成份不同，因此各部位的死亡時間並不相同。這是為什麼醫生可以從已經進入生物死亡階段的病人身上，取出活器官，保存一會兒，然後成功的移植到另一位病人的身上。基於同樣的原因，即使進入了生物死亡階段，人體器官仍然能夠在沒有生命的身體裡，靠機器或化學方法，生存一段時間。（許多醫生指出，現代科技可以使被斬首者的心臟和肺，存活一段時日。）

同樣的道理，血液循環停止後，腦部會立刻死亡，但是人體有許多細胞，能夠在身體死亡後，繼續生存一段時間。比方說，死亡兩小時之內，死者的肌肉對電擊仍會產生反應。死者的頭髮和指甲，也會繼續生長至少一天的時間。此外還可以從已經死亡的身體上，取出細胞群，並且保存細胞群的生命和功能，在某些情況下，細胞群可以在人工培養的組織裡，無限期的活下去。

雖然如此，把「死」人身上的「活」器官取出來，一直是一件頗具有爭議性的事情。究竟應該由何人劃定尺度，以及何時該劃定尺度的問題，引出了一些非常冷酷的論調。克里斯汀・巴納德醫生在一九六七年十二月成功的完成了第一次移植手術後，曾經訪問過美國，他抵美不久後，在紐約接受了一家蘇聯報社的專訪。但是採訪他的記者，卻在《孔索莫斯卡亞・普洛佛達》(*Komsomolskaya Pravda*)報裡，報導了下列的訊息，「試想，一個專門作黑市器官買賣的殺人賊黨，只因為某些有錢的病人需要這些器官。錢可以使醫生在人還沒死的時候，就宣判他們的死亡。」這種情形在蘇聯是不可能發生的。新澤西大學(New Jersey College)內科及牙醫系教授裘瑟夫，提米斯(Joseph J. Timmes)博士，曾經在一九六八年的「死亡時刻」討論會上表示，「我去訪問列寧格勒和莫斯科的醫學機構時，曾經和蘇聯的一些外科醫生討論過某些問題。我問他們如何界定死亡時間，他們回答，這在蘇聯不是什麼大問題，因為所有的人都屬於國家。當一個人死了以後——我的意思是當他被宣判死亡之後——醫生可以不經親屬同意，逕自執行解剖或取出死者身上的器官，在美國，法律規定必須經過親屬同意才能執行這些程序。」曾經擔任過美國法醫學院校長的卡爾・瓦思穆斯（Carl Wasmuth）博士表示，所謂死亡是指，在醫生「用盡一切辦法挽救病人的生命後，他認為病人已經回天乏術。當醫生決定停止使用呼吸器和心律調整器的那一刻，病人就算死亡了。」

華盛頓一位負責公共健康的聯邦官員，曾經在一九六七年年底的時候，公開描述過他對人體器官移植手術所具有的恐懼感，他指出，「我看到一個非常恐怖的幻象，一群食屍鬼拿著長刀，徘徊在發生意外事故的人身旁，一俟院方宣判病人死亡後，他們便擁上去把他的器官拿出來。」

這種說法有點牽強附會是不是？或許吧！可是的確有好幾件案子，由於涉及何時才算死亡的問題，因而受到大眾傳播媒體的大事渲染。其中一件案子發生在一九六六年的斯德哥爾摩市，在著名的卡洛琳斯卡學院（Karolinska Institute）（每年審查諾貝爾獎的地方）裡，有一位名叫克來倫斯・克瑞福耳德(Clarence C. Crafoord)的外科醫生，他從一位腦部受到永久性傷害，已經不治，但是尚未死亡的女士身上，移植了一個腎到一位患了腎臟病的病人身上。這位女士的先生雖然同意這麼作，但是這件事情卻在醫院內、外，掀起了軒然大波。

克瑞福耳德醫生反駁說：「我們不應該讓已經死掉的人繼續活著，外科醫生不應該把救治腦死的人，當成自己的責任。……我要求的是，一個合乎現代道德、倫理、宗教、醫學、和法律觀點的死亡定義。這個定義的基本概念是：所謂死亡是指，個體腦功能的停止，而非心跳的停止。當個體腦中的帶電活動停止後——這是可以測出來的——個體的生命便結束了，剩下的只是一具活著的有機體罷了，而這具有機體可以挽救其它人的性命。」

克瑞福耳德醫生建議，當腦波電位記錄裝置(EEG)顯示出，個體的腦功能已經永久性喪失的時候，院方應該宣佈病人已經死亡。當克瑞福耳德醫生提出這個建議的時候，他指的是那些真正沒救的病人。但是某些靠機器保持生命的病人家屬，卻指責克瑞福耳德醫生其實是建議，把所有的維生機器關掉，宣佈病人死亡，然後把他們身上的器官移植給別人。

不久後，法國國立醫學院也加入了這場紛爭，該醫學院建議，如果腦波電位記錄裝置顯示出，病人的腦部已經連續四十八小時沒有活動的話，應該視該病人已經死亡。四十八小時之後，不論病人是否在人工輔助器的幫助下仍具有生命現象，由三位醫生組成的委員會，可以正式宣佈該病人已經死亡。如此一來，雖然器官捐贈者已經死亡，但是他體內的器官卻可以在機器的幫助下繼續生存下去，直到有人需要這些器官為止。

一九六六年的時候，任職於麻州綜合醫院(Massachusetts General Hospital)和哈佛大學的神經學家羅勃・虛瓦伯(Robert Schwab)醫生亦曾表示，在宣判一位病人死亡之前，該病人的腦波電位記錄圖必須呈現二十四小時的水平狀態，而且在受到噪音等外界刺激後，仍然呈現水平狀態。此外，病人的呼吸作用和心跳必須已經自行停止，病人的肌肉和眼睛也沒有任何反射作用。虛瓦伯醫生指出：「當這些現象都出現之後，主治醫生可以同意關掉病人的人工維生器，並且宣佈病人已經死亡。」

許多科學家表示，腦波電位記錄圖呈現水平狀態的時間應該多長，應視病人的狀況而定。由於腦組織沒有再生能力，因此科學家很明白，某些腦細胞只要缺氧數秒鐘就會死掉，而且它們無法再生。但是腦中較原始的部位，也就是那些控制重要生命現象的部位，則可以活比較長的時間。因此，個體在失去個性、思想、以及自發性動作後，仍然可以像植物那樣活著，因為腦的生命中樞仍很完好。是故，有些人認為，腦波電位記錄圖只要呈現五分鐘的水平狀態，個體有意義的生命，已經結束了。某些生物學家甚至認為，其實腦波電位記錄圖只要呈現一分鐘的水平狀態，便足以證明病人已經死亡了，另外還有一批人則堅守二十四小時或四十八小時的界線。

雖然如此，但是也有一些例外情況。比方說，非常嚴重的巴比妥酸鹽中毒，這是很常見的一種自殺方法，以及長時間暴露在極低的溫度下，例如，某些心臟手術，用降溫法把病人的體溫降到華氏九十度以下。這二種病人的腦波記錄圖，可能呈現水平狀態達數小時之久，但是他們仍有可能完全康復。以正常的標準來看，這二種病人似乎已經死了，但是他們其實處在一種由人工引發的冬眠，或者假死狀態裡。另外還有一些不是由巴比妥酸鹽中毒和低溫所造成的例外情況，這些案例所面對的問題是，病人腦部受損的程度如何？醫生什麼時候才可以，或者才有義務，把插頭拔掉。

《醫學—道德通訊》的編輯小法蘭克・艾德(Frank Ayd, Jr.)博士指出：「法律應該隨環境改變，允許即將死亡的人，停止使用非常方法去維持生命。醫生的責任應該是幫助病人減輕痛苦，而不是用非常的方法去延長病人的生命。」

一九五七年的時候，「國際麻醉學會議」在羅馬舉行，有人在會議上問當時的羅馬教宗：「什麼時候才算死亡？」

教宗回答：「當生命的必要機能，不借助人工方式便會自然停止的時候。……決定死亡的正確時刻，是醫生的工作。」

曾經任教於麻州劍橋市主教派神學院的裘瑟夫・佛來雀耳 (Joseph Fletcher) 博士則指出，假如醫生「非常確定」器官捐贈者已經無藥可救，而且該病人的器官可以救活另外一個人有價值的生命的話，那麼加速器官捐贈者的死亡，應該是可以的。但是大不列顛的猶太教牧師長英梅紐爾・傑柯波威茲(Immanual Jacobovits)，卻不贊成這種說法，他引述猶太法典裡的教義表示：「任何一小段生命都非常寶貴。因此，任何人都不應該加速器官捐贈者的死亡。」

至於思想較開明的猶太教牧師，則比較贊成佛來雀耳博士的看法。

的確，到底人的靈魂什麼時候離開肉體，究竟應該在什麼時候關掉機器，乃是一些涉及醫學、法律和道德三方面的問題。從踏進醫學院的第一天開始，醫學院便教育學生，醫生的職責是救人和延長生命，為了達到這個目的，醫生不但可以使用非常方法，而且只要稍具復原希望，醫生便應該繼續為病人施用這些方法。然而，裁決死亡也是醫生必須面對的問題——雖然某些醫生拒絕討論這個問題。

舉例來說，參加一九六八年七月南非開普敦會議的十三位心臟移植外科醫生，對如何界定死亡的問題，幾乎沒有任何爭執。丹騰・庫力醫生解釋：「這可能是因為我們每一個人，早就在自己的心裡，回答過這個問題了。」在那次會議中，這些外科醫生一致同意，在宣判病人死亡之前，病人的神經診察結果以及病人的腦波電位記錄圖皆必須顯示，病人的腦皮層已經沒有任何活動了。」庫力醫生接著指出：「但是我們並沒有設定時間的長度。在現在的心臟移植手術裡，這段時間一般是二個小時以上。我自己的捐心人當中，有兩位的腦波電位記錄圖，在移植前已經連續四天呈現水平狀態。」

在開普敦會議舉行的前一個月，也就是一九六八年的六月，醫藥科學組織評議會在日內瓦召開了一個會議，在這次的會議上，醫藥科學組織評議會公佈了一套界定死亡的標準，這套標準的要旨是，病人的腦皮層功能必須完全停止，而且不可能再恢復，但是該評議會並未設定停止時間的長度。日內瓦會議所公佈的死亡標準是：

1. 對周遭的環境完全沒有反應。
2. 完全失去反射能力和肌肉緊張度。
3. 缺乏自發性的呼吸作用。
4. 如果不用人工輔助器，動脈血壓會遽降。
5. 在沒有任何技術問題的情況下，即使用人為方式刺激腦部，病人的腦電描記圖，仍然呈現絕對的直線反應。

兩個月之後，「世界醫學會議」在澳洲雪梨召開。外界將這個會議所公佈的死亡聲明，稱之為「雪梨宣言」，這份宣言似乎有意迴避明確界定死亡的問題：

「在大部分的國家裡，裁定病人的死亡時刻，乃是醫生的法定責任，而且理當繼續如此。……但是這件事情涉及一個很複雜的問題，那就是，由於人體各組織的抗缺氧能力不同，因此從細胞的角度來說，死亡乃是一個漸進的過程。問題是，臨床醫學關心的是，如何保全病人的性命，不是如何保全孤立的細胞。因為，確定不論使用何種人為方式，都無法扭轉病人的死亡過程，比確定各種細胞和器官的死亡時刻更重要。這個決定的依據是臨床判斷，如果有必要的話，再輔以一些診斷資料，目前最有幫助的診斷資料是腦電描記圖。然而，以目前的醫學而言，並沒有任何一種科技診斷方法，可以令人感到完全滿意，也沒有任何一種科技程序，可以完全取代醫生的判斷。是故，任何涉及器官移植手術的病例，都必須由二位以上的醫生共同決定病人的死亡時刻，而且醫生的決定，絕非是為了馬上進行移植手術。」

這個組織的主席里歐那德・麥倫爵士(Sir Leonard Mallen)，曾經針對上述的宣言，發表過如下的看法：「由於科學日新月異，新的復原方法不斷的出現，因此如果我們宣佈一套很可能半小時之後便會過時的定義，實為不智之舉。」

在「世界醫學會議」召開的那一個月份，也就是一九六八年八月，由哈佛大學學者所組成的一個委員會——包括醫生、神學家、律師、和哲學家——也提出了一套他們討論出來的死亡標準，這件事情反映出，愈來愈多人認為，缺乏可以被眾人接受的死亡新標準，是一個值得關切的問題。而哈佛大學委員會所使用的尺度，其實是別人早已使用過的尺度，那就是：腦死——非常明確的永久性昏迷。

哈佛大學委員會在發表於《美國醫學協會期刊》上的論文中建議，按照下列四個標準去判斷病人的生死：

1. 沒有感受性和反應力：對外界的刺激和內在的需要全然無知，而且完全沒有反應——我們將這個現象定義為永久性的昏迷。病人即使受到非常激烈痛苦的刺激，都不會發出任何聲音或產生任何反應，連一聲呻吟、肢體收縮一下、或者呼吸加快的現象都沒有。

2. 沒有任何動作或呼吸作用：醫生必須觀察一小時以上才足以判斷，病人是否已不具有任何自發性的肌肉動作、自發性的呼吸作用，以及對任何痛苦、觸碰、聲音、光線等刺激，已不會產生任何反應。

3. 沒有反射作用：病人因中央神經系統的活動已經停止，而進入永久性昏迷狀態的證據之一是，病人缺乏反射作用。瞳孔固定而且擴散，並且對直射的強光沒有反應。

4. 腦波電位記錄圖呈現水平狀態：腦波電位記錄圖呈現水平或相等電位狀態，是一個非常重要的證據。但是先決條件是，所使用的電擊必須恰當、儀器的功能必須正常、操作人員必須勝任。

哈佛大學委員會的負責人亨利・畢邱(Henry K. Beecher)博士指出，以上的現象必須持續二十四小時以上才算數。假如二十四小時以後病人的情況仍未改善的話，該病人應被視為已經死亡。但是，非常重要的是，受降溫法影響的病人，以及服用過量巴比妥酸鹽等中央神經系統鎮靜劑的病人，不屬此列。

哈佛大學委員會並且引用了一項研究，去強調上述準則的妥當性，該研究指出，死人的腦子和陷入永久性昏迷等狀態的病人腦子，可謂完全一樣。接受調查的一二八位病人的腦子，非常明顯已經損壞，而且「沒有任何證據顯示，其中任何一位病人的腦中，有活的腦組織。」

另外一項研究亦指出，在二千五百多位腦波電位記錄圖呈水平狀態達二十四小時之久的病人當中，只有三位後來復原了。而這三位生存者，都是因為受到中央神經系統鎮靜劑的影響，才陷入昏迷的，因此並不隸屬哈佛大學委員會所設定的範圍。

哈佛大學委員會並且進一步建議，當病人的腦死現象被證明之後，應該由兩位醫生——一位神經科醫生，一位神經外科醫生——一起通知病人家屬，院方準備關掉病人的人工呼吸器。該委員會指出，「因為叫家屬作這個決定，既無意義也沒有必要，而且非常殘忍。」只有在這些程序全部完成之後，器官移植小組才可以接手。器官移植小組接手之後，院方可以無限期的打開病人的人工呼吸器，去保護病人體內的器官，以便將來使用。

然而，哈佛大學委員會以及其它組織所提供的死亡準則——不論這些準則多麼明確，這些組織多麼具有威信——並不具有官方或法律效力，因為美國的法律，是用醫學界的共識去裁決死亡。因此，在美國只要大部分的醫生對一套既定的準則表示認可，而且這套準則又被廣為使用的話，便可以改變法律上的死亡觀念。

迄今為止，哈佛準則可以說是最容易接受的一套死亡標準。正如哈佛大學委員會的一位成員所言，「自從我們發表那篇論文之後，世界各地都以十分欣喜的態度，接納我們所提供的臨床建議。」

然而，哈佛大學委員會等團體所發表的論文，乃是醫生、律師、以及神學家，在閉門會議中討論出來的結果。這些結果雖然非常精密，但卻不一定符合執業醫生每天的實際需要。因此某些關心此事的醫生抱怨，考驗準則的場所應該是醫院和法院，不是學院。但是假如論文和準則可以導引實際行動的話，那麼它們可謂正在導引當今的醫療業務。

人類的死亡標準，毫無疑問正在進化。然而，我們必須強調，這只是一個進化過程，絕不是一場革命。因為任何一套新標準，都不能取代傳統的死亡標準。科學家曾經非常清楚的指出，他們只不過是在補充傳統的死亡標準罷了。美國社會、倫理和生命科學院中著名的「死亡與瀕死問題研究小組」表示，我們不應該把「新標準看成死亡的新定義，我們應該將它們視之為審查『傳統』死亡現象的另一套更精密的方法。」

許多醫生明白這個道理，但是絕大部分的老百姓，卻對此感到非常迷惑。這乃是因為醫生和科學家們，對自己的意見過於保護和過於保密之故，此外，大眾傳播媒體不深入、正確的報導這個重要的問題，也是因素之一。

某些專業人士反對讓民眾參與醫療業務的改革過程。但是事實上，造成民眾不安的原因，正是因為社會大眾對醫學新知所知太少之故，而公共教育可以幫助社會大眾瞭解詳情。假如醫生有權修改死亡標準的話，那麼老百姓也有權利保護自己，不要受到自私自利醫生的傷害。同樣的道理，大部分的醫生都不願意惹上費錢、費時又有損聲望的不當治療官司，但是死亡標準的問題，卻可以很輕易的使醫生捲入這種官司。

為此，某些人建議為死亡標準訂立法規。然而有趣的是，反對這個建議的法律界和醫學界人士，所抱持的主要反對理由卻是，決定死亡標準的人應該是醫生，不是立法人員。

康乃爾大學醫學院臨床醫學系榮譽教授耳溫・萊特(Irving Wright) 博士，曾經在一九六八年的一個會議上，特別針對立法的建議表示，「上天不容許我們這麼作的！各領域內的有智之士，可以盡量發表自己的見解，甚至提出行動方針，但是如果在新紀元剛開始的時候，就冒然建立僵硬的法律規範，實乃為不智之舉。」而現實狀況也支持這種看法，目前在美國絕大部分的地區，死亡仍被視為一件必須依情況而定的事情。每當法庭上出現這類問題的時候，法院便敦請醫學專家去法庭作證。而根據目前的法規，只要醫生根據一般的醫療標準裁決一個人死亡了，那個人便算死亡了。

一九七〇年的時候，堪薩斯州有鑑於判例法已經不符現狀，於是率先在習慣法的領域裡，邁出立法的腳步，也就是立法規定死亡的「定義」。堪薩斯州一共制定了二條關於「死亡定義」的法律。這二條法律是，永久性喪失自發性呼吸作用和心臟機能，以及永久性喪失自發性腦部活動。至於明細的規範，則比照「一般的醫療標準」。

這二條法令的文字和訴求，引起了相當大的爭議。雖然參與這場紛爭的人都非常清楚，這方面的法令的確需要修改，但是他們認為，這些改變並不見得非要靠立法才能實現。

哈佛大學委員會便指出，「其實根本不必修改法律規章，因為法律對這個問題的處理原則是，讓醫生決定該怎麼作。」哈佛大學委員會並且指出，只有在爭議過大的情況下，才需要立法。

這個問題在醫學界裡，似乎並未引起太大的爭議。雖然如此，仍有數州考慮制定類似的法令。一九七二年初葉，馬利蘭州成為美國第二個頒佈是類法令的州。

哈佛法醫學教授威廉・柯倫(William Curran)博士辯稱，「醫生絕對需要這種法令的保護，才能拯救更多的人命。」他接著指出，「許多律師反對堪薩斯州和馬利蘭州的法令，因為他們認為法庭應該繼續延用習慣法，並且在新的案例發生之後，遵循新的判例法。我個人認為這種作法根本不合理。因為這就好比是用車禍訴訟去建立車速限制法一樣。」

然而，思慮周密的人仍不免會問，「何必急著立法呢？」因為這類法令很容易流於僵硬、混淆以及不夠嚴謹。總之，由於好幾州有意效法堪薩斯州的作風，因此即使是反對立法的人，也在這種刺激下，開始草擬符合理想的法令範本。一位不贊成立法，但卻不得不在合情理的法令以及不合情理的法令之間作選擇的科學家表示，「假如非立法不可的話，至少應該立一些有用的法令。」這位不願透露姓名的科學家認為，和死亡定義有關的現行法令，其實彈性相當大。

法律界的經典參考書《布來克法律字典》（一九五一年），是這樣定義死亡的：「生命的斷絕、生存的終止，被醫生界定為，血液循環完全停止，因而造成呼吸、脈動等動物機能和重要機能的停頓。」

阿肯薩斯州高等法院甚至在一件案子中裁決，《布來克法律字典》中的死亡定義，是沒有任何商量餘地的。在一九五八年的「史密斯對史密斯」一案中，休・史密斯和他的太太路西・柯門・史密斯，一起出了車禍。休・史密斯當場死亡，他的太太則因失去知覺，被送到醫院。在他們兩位的遺囑中，他們互立對方為執行人，而且均未指定其它繼承人。這對夫妻並且沒有子女。

從表面上看，很明顯的，史密斯太太是遺族，因為根據遺囑查驗證上的說明，她「因腦部受傷陷入昏迷」，十七天後死在醫院裡。在這種情況下，史密斯太太理所當然的繼承了他先生所有的遺產。當史密斯太太去世後，她的後裔又繼承了她的遺產。可是如果他們兩位是在同一個時間去世的話，那麼遺產的繼承問題就得由法院決定了，在這種情況下，休・史密斯的後裔也應該分到遺產。為此，休・史密斯的一位外甥，提出了上訴，他辯稱，休和路西・史密斯兩個人，「是在同一瞬間死亡，以及喪失他們遺囑執行權的，他們是在車禍中同時喪生的，他們兩位均未恢復過任何神智。」

結果這個上訴被駁回了。法院引述《布來克法律字典》中的死亡定義指出，「不可否認，這種狀況並不存在，而且事實上，除了定義裡陳述的狀況之外，我們不會輕易相信任何指證史密斯太太已經死亡的說法，不論是科學上的，或是其它的證據。」法院並且指出，「本院判決，只要還有一口氣在，即使已經沒有知覺了，便不算死亡。」

在這件案子裡，「判決」這個字所代表的意思是，法院不認為布來克的定義，有任何商量的餘地。法院認為這個問題在醫學和科學界裡，早就定案了。法官用這個聲明表示，沒有必要去驗證不容辯駁的事實。這樣既可以防止誤審，又可以避免見錢眼開的「科學家」，為錢財到法庭上質疑已經成定案的科學準則。

肯塔基州一個審理上訴案件的法院，在「葛雷對騷爾案」中，可謂把這個絕對的死亡定義，延伸到不可思議的地步。在這件案子裡，里奧那德・加枸先生和太太，在平交道上，同時被一輛火車碾死了。由於法院無法決定誰先死的，於是法院判決他們夫妻兩人是在同一時間死亡的。可是後來，有人以發現新證據為由，要求法院重新審理這個案子。

提供新證據的人，是一位住在出事現場附近的婦女。出事的時候，她因為聽到吵雜聲，因此跑出去看發生了什麼事。結果她看到身首異處的加枸太太，她指出，加枸太太的頭和身體，大約相距十呎，她的頸部一直在噴血。問題出在，誰具有遺產支配權，而取決的關鍵則在於，加枸先生和加枸太太二人，到底是那一位先死掉的。結果法院是這樣判決的：

「從現實的角度來看，一個人如果身首異處的話，就表示他死了，法院本來就是這樣判決的；可是如果從假設性的角度來看這件事情的話，根據新證辭，以及加枸先生被碾得支離破碎的身體，再加上他們兩位一些其它的狀況，好幾位醫生指出，加枸太太比她先生多活了一瞬間的時間。這些醫生告訴本庭，只要一個人的心臟還在跳動，就不算死亡，而噴血是心臟還在跳動的證明。即使腦部功能已經停止，亦是如此。」

由此看來，法院的判決是，加枸太太比加枸先生晚死，因此提出上訴的人，也就是加枸太太的父親湯瑪士・葛雷，得到了遺產的支配權。但是法院也判決葛雷在程序上，犯了技術性的錯誤。

在「史密斯對史密斯案」和「葛雷對騷爾案」中，法院都是用心跳停止與否，作為死亡的裁決標準。可是在一九七二年五月，卻有一位法官，首度讓陪審團用腦死和心跳停止二個標準，去裁決死亡。這件後來成為判例的案子，發生在一九六八年的五月，維吉尼亞大學醫學院的一群醫生，用一位五十四歲、腦部嚴重受傷的非洲裔工人布魯斯・塔克的心臟，進行世界上第十七次人體心臟移植手術，但是塔克的哥哥威廉卻辯稱，醫生在塔克還沒有死掉的時候，就取出了他的心臟，因此塔克是被醫生殺死的。威廉的證據是，在機器的幫助下，塔克仍有血液循環和呼吸作用。但是醫學界的證人卻指出，根據腦死定義，塔克在移植手術進行前的幾個小時，已經死了。結果由七個人組成的陪審團同意，一個人腦死之後，就表示他已經過世了。

陪審團之所以會作出上述的決定，乃是因為克里斯汀・康普騰(A. Christian Compton)法官告訴陪審團，他們可以參考傳統的死亡標準，以及修改後的新標準。法官並且指示陪審團裁決，塔克的生命現象是自發性的，還是在機器的維持下才有的。陪審團同意被告所說，死亡基本上是一種醫學觀念，不是一種法律觀念——這和堪薩斯州及馬利蘭州死亡定義法令的立法精神，其實是一致的。他們承認，隨著歲月的流逝，醫生判斷死亡的方法，將會愈來愈進步。而且事實上，其實每位醫生判斷死亡的方法，都不太一樣。

貝拉猶醫院(Bellevue Hospital)神經科醫生糾利鄂斯・柯倫恩(Julius Korein) 曾經指出，「醫生的診斷只是一種統計學上的判斷，並不是絕對的。」因此，很可能某位醫生認為病人「已經死了」，但是另一位醫生卻認為，「還有一絲希望，再試試看。」

證明這件事情的例子，可謂不時地出現。而其中最著名的故事，當推美國陸軍一九六六輕步兵旅中，兵號SP/4 的士兵傑基・拜恩(Jacky C. Bayne) 的故事。一九六七年的夏天，在越南朱來附近，拜恩帶的軍狗，不幸踩到一枚地雷。結果榴彈擊中了二十二歲的拜恩。當拜恩被送到戰地醫院的時候，醫生發現他不但沒有脈動和呼吸，而且也聽不到他的心跳。軍醫為拜恩實施了大約四十五分鐘的心臟按摩和人工呼吸急救。心電圖也顯示，拜恩的心臟活動已經停止了。於是醫生裁決，從臨床的角度來說，這位大兵已經死了。拜恩的故事到此似乎應該結束了——就像成千上萬的美國大兵那樣，但是拜恩的故事，才剛開始而已。

拜恩在「死亡登記處」躺了幾個小時之後，負責處理屍體的人，切開了他的腹股溝（或鼠蹊），以便在他的大腿動脈裡，打些屍體防腐劑，可是這個時候，這位負責處理屍體的人，卻發現了非常微弱的脈動。於是，拜恩被火速送到附近的醫院，醫護人員展開了瘋狂的急救和輸血行動，而這些行動證明了屍體處理人員的發現。這次，人工維持器救了拜恩的命。

復原之後，拜恩返回家中。拜恩的母親表示，「我兒子說，是上帝把他從越南帶回來的。」雖然這位年輕人的腦部和某些生理機能，受到一些損傷，但是他離死亡還遠的很呢！

軍醫們堅持，這位南卡羅來納州大兵的故事，實在只能算「異數」。這些醫生表示，對經驗豐富的醫生來說，死亡的表徵清晰可辨，根本不可能弄錯。

柯倫恩醫生更進一步指出，醫生對死亡的診斷，只允許犯一種錯誤。「他可以把一位已經「死掉」的病人，誤診為『還活著』。但是他不能把一位『還活著』的病人，誤診為已經『死掉』了。」

為了解決不同醫生用不同方式判斷死亡的問題，芝加哥庫克郡醫院的文森・柯林斯

(Vincent J. Collins)醫生，特別在一九六八年的「美國醫學協會」年度大會上，提出死亡記分卡的建議。柯林斯的計分系統，係根據下列五項生理機能，去辨別病人的生與死：心跳、腦部機能、神經反射作用、呼吸作用，以及循環機能。兩分表示該機能正常，一分表示必須用非常方法才能使該機能有所反應，零分表示用非常方法也無法使該機能產生反應。每隔十五分鐘計一次分，如此持續一到六個小時。

總分高於五分的病人，是還有救的病人，總分低於五分的病人，是瀕臨死亡的病人。柯林斯醫生指出，「總分增加表示治療方法奏效，病人正在康復之中；總分下降表示治療方法失敗，病人的病情正在逐漸惡化。」柯林斯表示，「這個計分系統，並且可以幫助醫生決定，何時應該放棄人工維持器，以便讓病人安詳的離開，而不是支離破碎的離開。」

根據柯林斯的計分系統，假如病人是器官捐贈人的話，在醫生正式宣佈病人死亡之後，該病人可以立刻恢復使用人工維生器。

其實，柯林斯的計分系統，並不是什麼新點子或新觀念，它只不過是集各方意見之大成罷了。而這套方法之所以沒有流行起來，乃是因為，一般而言，醫生很少用計分系統或者複雜精密的機械裝置，去判斷病人的生死。每一位醫生都把每一位病人的計分卡，放在自己的腦子裡。

一位美國中西部地區的醫院院長指出，「我們會讓病人使用呼吸器，也會為他裝上心動電流機(ECG)。但是假如心動電流機出現水平畫面，而且病人的心跳已經停止，那怕只是三十秒鐘而已，病人的瞳孔也變得固定而且擴散的話，我們根本不會把他救回來。因為他很可能只能像植物那樣再多活十二個小時，可是那不是生命，我們並沒有救回一個人來，我們救回來的只是一具靠機械維持生命的生物體罷了。」

不論權威人士提出什麼樣的見解或模式，也不論那些複雜的機械能作那些事情，反正到了最後關頭，我們一定會叫醫生看看，到底病人死了沒有。明尼蘇答州的莫罕達斯(A. Mohandas)以及雪莉・周(Shelly Chou)醫生，曾經在《神經學雜誌》上指出，就評估腦死這件事情而言，神經外科醫生的臨床判斷，比解讀腦波電位記錄圖更為重要。另外，英國移植協會副總裁伍德洛夫(M. F. A. Woodruff)博士亦曾表示，他根本不認為修改後的死亡標準有道理。伍德洛夫博士指出：「首先，腦死這個新定義，和一般人所抱持的死亡觀念不一樣，其次，如果要社會大眾接受這個新定義，就必須制定一個，指示何時才可以將腦死的人埋葬的新條款，當然，除非……我們打算在腦死病人的心臟還在跳動的時候，就把他們埋葬掉。」

伍德洛夫博士認為，在某些情況下，病人的人工維生器的確可以關掉；但是他指出，「依常理判斷，人工維生器關掉之後，病人早晚一定會死，可是死亡並不是在開關關掉的那一刻發生的。諸如此類的爭執絕不會突然停止。此時此刻，以及不遠的將來，我們只能期望那些負責裁決病人生死的人，能夠不斷地充實自己的神學、法律、以及醫學新知。

漢尼伯耳・漢林 (Hannibal Hamlin) 醫生建議，「雖然制定一套可以使各界都滿意的死亡定義，在語意和文字上一定很困難，但是醫學界仍應努力找出一套，可以被宗教界和法律界認可的死亡定義，因為確定病人的死亡時間，會影響到人體重要器官的移植工作。」

探討死亡標準的對話，必須繼續下去，我們也必須更開誠佈公的告訴社會大眾，這件事情的進展。誠如哈佛大學的畢邱博士所言，「捐棄死亡的新定義，無異於不肯去正視醫療開銷和救人性命的問題。我們正在邁向一個新紀元，有史以來第一次，剛死之人的身體，可以派上大用場。」

第二章　器官移植手術：你可以帶走的東西

「你們要別人怎樣待你們，你們就得怎樣待別人。」

——馬太福音　7：12

過去幾千年來，人類養成了一種把每樣東西都定個價的習慣，尤其是那些無法估計其無形價值的東西。像博物館、醫院、研究中心等機構的真正價值，其實遠超過其實際價值，但是這些機構的估價，往往只包括具體財物的淨值。另外像藝術品、錢幣和骨董等物品的收藏家，也會不時探詢自己的收藏品，「現在值多少錢了?」

人類也經常把這種用金錢去衡量一切的作法，延用到自己身上。他賺多少錢?他欠多少錢?他值多少錢?

究竟一個人值多少錢?是不是邁可・凱斯波瑞克(Mike Kasperak)請史坦佛醫學院外科醫生諾曼・順威(Norman Shumway)替他更換心臟的手術費，二八八四五・八三美元?是不是一個家庭為新生兒支付的產前檢查、助產、接生費，一千多塊美元?是不是在加州黑市收養一名健康白種小孩的費用，三〇〇〇到七五〇〇美元?還是一個罹患嚴重腎臟病的人，每年所花費的洗腎錢二〇〇〇〇到四〇〇〇〇美元?這些是不是人命的價格?

許多年前，一群高中生物老師，為好奇的學生們估算了一下，人體內所有的化學物質，大約值多少錢，他們計算的結果是，大約值當時市價的一・一二美元。加上通貨膨脹率之後，大概是現在的三・五美元。問題是，不管人體的絕對現金價值為何，基本上，所有人類的絕對現金價值，幾乎都一樣。不論是妓女、賭徒、殺人犯、銀行總裁或是文壇奇葩(評論家)，反正每一個人的身體，都是由相同的化學成份組成的。

然而，除了化學元素和化合物之外，人類的身體內，還蘊藏了一樣東西，而且從來沒有人能夠估算出這樣東西的實際市場價格。這樣東西就是靈性。法國哲學家亨利・伯格森(Henri

Bergson)，把這樣東西稱之為「生命的光輝」，這是使人類有別於地球上其它生物的東西。

使人類有別於地球上其它動物的東西，絕不是人類的身體，人類的身體沒有猩猩壯，跑得沒有豹子快，游得沒有魚快，而且也不能像老鷹那樣任意翱翔。使人類有別於其它動物的東西，是人類的頭腦。它使得人類得以進行抽象思考。

一個人所表現的特質，決定他是一個什麼樣的人。而人類沒有辦法操縱這些特質。除了靠遺傳這個「兩個骰子的賭博遊戲」以外，人類無法把他的個性、智慧和體格，傳給他的子孫。

但是人類比較能夠控制其它的遺產。一個人如果生前累積了一些財富或者寶物的話，他通常會感到十分欣慰，因為他可以把這些財寶——有時還加上權力、頭銜——傳給他的子孫。人類向來對自己能夠留些遺產給後人，感到非常驕傲。這些代代相傳的遺產，包括珠寶、藝術品和金錢等等。

然而那些想要留點財物、頭銜或者權力給子孫，可是卻一無所有的人，該如何自處呢？從數十年前開始，每一個人都有機會留些真正有價值的東西給後人了。「生不帶來，死不帶去」這句口頭禪，已經失效了；這並不是因為現代人可以把物質財富帶進棺材裡——像埃及的法老王那樣——或者下一世去。而是因為現代人可以留一些非常珍貴的資產給後代子孫——

這項資產就是生命。而人類才開始理解這件事情的意義。

我們對仍然充滿了神祕感的生命體，一直非常尊重。直到近年來，隨著器官和組織移植手術的興起，以及人們對醫學知識的渴求，贈送生命才成為一件可能的事情。現在，有心捐贈一些實際東西的人，可以把他們全部或部分遺體，捐作外科移植或醫學研究用，或者捐給醫學院的學生作解剖用。

其實早在五千多年前，人類便開始執行外科移植手術了，那時候，埃及人和印度人用皮膚移植手術，去修復被梅毒毀壞的鼻子。那之後，人類移植過無數的組織和器官。其中包括血液、血管、骨頭、骨髓、軟骨、腱、皮膚、神經、以及眼部組織。此外，人類曾經移植過至少五〇〇〇〇個腎臟，一〇〇個肝臟，二十五個肺，一六〇個心臟，以及一些腺體，而各個手術的成功度則不盡相同。

一九六九年二月，一位五十七歲，不願透露姓名的紐約人，在外科史上，作了至今最慷慨的一次器官捐贈：一個心臟、二個腎臟、一個肝臟以及兩個眼角膜。當這位生物學上的慈善家，因癌症等疾病在紐約紀念醫院去世之後，他的家人明確表示，他們以及他本人，希望捐出他身上所有可用的器官。

他人遺留下來的組織和器官，曾經嘉惠過各個階層、各種行業的人。一九六八年的時候，在密蘇里州的哥倫比亞市，有一位已經被定罪的重刑犯，在擔任獄中守衛的時候，被另一位想逃獄的囚犯打瞎了。結果這個人在移植了一個眼睛銀行裡儲存的鞏膜——眼睛裡那層白色、硬硬的外殼——以及一個人工塑膠眼角膜之後，終於恢復了視覺。

在成千上萬接受過移植手術的人當中，有一位是任職於華盛頓大學的科學家，貝耳汀‧史克利伯納(Belding Scribner)博士。史克利伯納博士接受了眼角膜移植手術之後，他嚴重受損的視覺終於得以恢復正常，數年後，他領導的一個研究小組，為現代醫學科技創造了一個奇蹟——人工腎。

心臟等人體重要器官移植手術所受到的主要抨擊是，技術尚未成熟便貿然行事。然而，雖說成功有限，但是畢竟不是無功可言。比方說，克里斯汀‧巴納德醫生的第二位病人，裴立普‧布來伯格便曾指出，「以前，每次呼吸我都得使盡力氣；我從不敢肯定，吸完這口氣之後，我還能不能吸下口氣。我每動一下，每走一步，都如同在地獄裡受煎熬。我現在感覺自己像是換了一個人似的。我又可以去航海了——我向來喜愛大海……。我不知道我那顆新心能活多久，但是假如我明天就會死掉的話，至少我會死得舒服些。」手術後，布來伯格一共活了五九三天。

移植手術失敗的主要原因是，除非所移植的組織或器官和病人的體質相容，否則人體會抗拒外來的組織。為此，醫生和科學家不斷地在發展新的治療法，他們對人體的免疫系統，理解得愈來愈清楚。因此在不久的將來，這些生理學上的困難，一定可以解決。到那個時候，最迫切的問題將會是：如何解決器官的供應問題？

加州大學洛杉磯分校病理學家洛伊・渥耳夫德(Roy Walford)博士預言，「將來，很可能三分之一的人，在他們生命中的某一個時刻，必須接受器官移植手術。」他並且指出，「末期病人、意外死亡的人、接受勸告願意捐出健康器官的死刑犯以及美國境內每年高達二萬二千名的自殺人士，反正都會死。假如不用他們的器官去救人的話，那真是一種令人悲哀的浪費。」

渥耳夫德表示，捐贈器官或身體的人，都是早在事情發生之前，便已作好捐贈決定的。也就是說，我們應該早早考慮，要不要在死後捐出自己的身體或器官。畢竟，人有旦夕禍福，意外事故常會在不經意的時候，奪去青春燦爛的生命。而從意外事故中獲得的年輕、健康器官，對醫生而言，最為寶貴。

然而最關鍵的問題仍然是：人類想不想讓自己的器官，被有效的再利用？人類對這個問題，一直具有一種很矛盾的情結，醫學界掙扎了好幾個世紀，才獲准進行人體解剖，便是一個明證。蓋倫(Galen)等早期解剖學家，由於只能根據動物解剖去建立解剖學上的推論，因此他們對人體某些部位的機能，只能憑空想像。我們不難想見，這種研究方式，一定會造成一些不正確的結果。雖然人體解剖可以直接促進醫學進步，但是直到文藝復興時代，醫學界的實驗家，才終於打破長久以來的禁忌，得以檢驗死後的人體。可是由於十九世紀的解剖法令，只允許解剖犯人和窮人的屍體，因此美國和英國，興起了盜墓的非法交易行徑。盜墓集團四處收集垂危病人和葬禮的資料，他們勘查過墓地之後，便俟機盜墓，挖出屍體，賣給醫學院作解剖用。

一八二八年或一八二九年的時候，在蘇格蘭的愛丁堡，有一位名叫威廉・伯耳克(William Burke)的人，他和另外一位人士，作出了聳人聽聞的事情。他們專找窮人和無依無靠的人下手，他們先把這些人騙到家裡去灌醉後，再把這些人悶死——以免在這些人身上留下可以成為證據的傷痕——然後把屍體賣給醫學院的學生。今天，Burking 這個字的意思便是指被人悶死或是祕密行動。伯耳克和他的夥伴，一共殺了十六個人，他們把這些人的屍體，賣給當地最著名的幾位學者。其中一位是當時十分著名的外科醫生，由於他對這些屍體的新鮮度和完好度非常滿意，為此，他常常誇讚「捐贈人」。事發後，這件脫離常軌的事情，激怒了社會大眾，英國政府有鑑於此，特別在一八三二年頒佈了「英國解剖法案」，以斷絕屍體的黑市交易，並且管制解剖課程。那以後，只有無人認領的屍體，才可以捐給醫學院，這個傳統一直延續至今。

今天，雖然人們已經可以接受人體解剖的觀念，但是人們對人體解剖這件事，卻始終無法完全釋懷，尤其是美國人。美國平均每一年死亡二百萬人，但是這其中大約只有百分之二十的屍體，接受驗屍程序。而願意捐贈遺體供解剖或移植用的人數則更低。和其它國家比起來，百分之二十的比率實在非常低。比方說，瑞典的驗屍率大約是百分之八十，蘇聯的驗屍率則幾乎高達百分之一百。造成這種差異的因素有好幾項，其中一個因素可能是，一般而言，美國醫生大多不願意拖延死者的下葬時間。

某些宗教團體，尤其是著名的正統派猶太教，強烈反對驗屍以及任何形式的人體解剖。正統派猶太教法典裡，有一些宣導全屍埋葬的經文，該教認為，完整的屍體是人類在最後審判日重新復活的必要條件。(有一些非常虔誠的猶太教徒，甚至保存剪下來的頭髮和指甲，以及生命中被割除的所有器官，以便死後一起埋葬。) 無論如何，解剖之後，反正所有的器官都會再放回原處一起埋葬，因此其實它和教義並不衝突。

目前的正統派猶太教解剖觀，是猶太教牧師耶契斯柯・藍道(Yecheskel Landau)在一七七六年提出來的。他認為，如果解剖的目的是為了「嘉惠身邊的病人」，則沒什麼不妥當。換句話說，只要被解剖的屍體，在「時、空」上和受惠的病人相距不遠的話，便可以進行。時下的猶太教牧師對這件事情的看法是，在現代社會裡，這個觀念絕對可以延伸。比方說，現在的人從巴黎坐飛機到倫敦的時間，比藍道時代的人騎馬到鄰村的時間還短。

大不列顛猶太教牧師長英梅紐爾・傑柯波威茲(Immanuel Jakobovits)則引用另一條猶太教律法表示，從救人的角度來看，解剖「不但應該被認可，而且應該被視為一種義務和一件『功德』。」的確，雖然人類對人體的結構已經瞭解得相當清楚，但是某些醫生仍然堅持，解剖是一個必要的程序，因為在許多情況下，只有靠解剖才能找出真正的死因。此外，解剖也經常可以導引出醫學新知。如果不是因為解剖的話，心臟專家可能迄今仍以為，動脈硬化是一種老年病呢！醫生是在解剖第二次世界大戰和韓戰的陣亡士兵時，才首度在年輕人的身上，發現動脈阻塞的現象。心臟權威保羅・杜德利・懷特(Paul Dudley White)的一位同事指出，懷特醫生「解剖每一位過世的病人，即使病人的死因看起來直接了當亦不例外——這是這位偉大醫生瞭解疾病的方法。」

過去，醫生一再強調，可供解剖用的人體嚴重短缺。如今，對大部分的機構而言，這種情況並未改善，然而從一九七〇年代初葉開始，哈佛等著名醫學院獲得的捐贈遺體，似乎略有增加。哈佛大學的鄰居，塔佛茲醫學院(Tufts Medical College)的教授唐恩・貝耳特(Duane Belt)博士指出，「哈佛大學的響亮名聲，比波士頓大學和本校具有吸引力，因此，它可以吸引較多的人捐贈遺體。」可見美國人連死了以後都不忘一爭長短。事實上，捐贈給美國任何一所醫學院或牙醫學院的任何一具遺體，都可以使二位以上的學生，學到日後足以救助數千條性命的知識。

一九六九年的時候，馬利蘭州醫務檢查主任魯梭・非雪耳(Russell Fisher)博士表示，「目前，醫學院和牙醫學院均缺乏足夠的遺體供解剖研究之用；理想的數目是每年五千具。至於醫學研究需要的遺體數量則很難估計。由於醫學院的學生人數和研究人員一直在增加，因此遺體的需要量也不斷地在增加。」

一九七〇年的時候，費城傑佛遜醫學院(Jefferson Medical College)解剖學教授安德魯・倫塞(Andrew Ramsay)，曾經就當地的情形，描述過這個問題。他指出，「一九三六年，我剛開始執教的時候，費城一共有二六〇〇位醫學院和牙醫學院的學生，但是卻有七三四具遺體可供解剖。可是去年，學生人數已經增加到五二〇〇位，但是卻只有三四〇具遺體可供解剖。近年來，申請人體組織的研究生和研究機構也愈來愈多，但是我們根本不可能供應。」

在倫塞教授的記憶中，一九三六年的時候，送到醫學院的遺體，沒有一具是出於遺願；所有的遺體都是因為無人認領或親人拒絕認領，才轉送給醫學院的。

如今這種情形已經非常少見了。現在幾乎人人都可以領到一些安葬費，連社會福利金都發給最高限額二百五十五元的安葬費。倫塞教授表示，一九六九年收到的三四〇具遺體中，只有六十具是出於遺願。

「國立腎臟基金會」前任主席喬治·徐瑞訥(George Schreiner)博士指出，將自己的遺體捐贈出來供研究或移植用，實乃是「一個人所從事的最後一件善行。」他表示，「生前的善行通常和金錢有關。但是捐贈遺體和器官，實在是最重要、最民主的一種善行。」

一位捐贈人在接受《新聞周刊》(*Newsweek*)的訪問時表示，「這件事情很容易作，很符合邏輯，而且對科學很有幫助——此外，這是打擊喪葬業者最簡單的方法。」

頗受人敬重，而且筆鋒十分犀利的醫學觀察家，《費城晚訊》的醫學新聞撰寫人大衛·克里爾律(David M. Cleary)，曾經在一九七〇年的時候，在〈我準備將自己的遺體捐贈給科學〉這篇得獎作品中，闡述過他這麼作的原因和方法：

> 「幾天前，我用打字機打好下面這份文件，並且在上面簽了名，為了助人，我特此聲明，死後將我的遺體捐出來，供解剖和移植用。
>
> 我將我的遺體捐贈給『賓州解剖局』，作為器官移植和解剖用，只要該局認為恰當，沒有任何使用限制。我並且請了兩位公證人，和我連署這份簡短的聲明。這份法律文

件，為我的心靈帶來了非常大的安定感。我在自己的皮夾裡，放了一份公證過的影印本，另外，我給了我的家人一份影印本，同時也寄了一份影印本給『賓州解剖局』……。

我這麼作的原因是：

——我的家人不必為選擇棺木和安排葬禮而傷神。

——不論是那一種形式的追悼會，都不必以我的遺體為中心。

——除了對醫學教育和醫療有所貢獻外，葬禮省下來的錢，可以用在更有意義的事情上，比方說，作為我兒孫的教育費。

毫無疑問，許多美國人具有大衛・克里爾律這種想法。只不過某些人不知道應該如何捐贈自己的遺體，某些人不確定自己的宗教信仰，允不允許這麼作。

事實上，西方社會最主要的三個教派，並不反對從遺體上移植器官，條件是，科學家必須堅守下列兩個原則：第一，捐贈人必須已經死亡；第二，手術的目的是為了救人，不是為了進行人體實驗。

一九六九年的時候，一個專門研究「心臟移植」的專題小組在寫給「美國國家健康學會心臟及肺臟協會」的報告裡指出：「雖然各個教派對人體重要器官移植手術的可能衝擊，尚不十分明白，但是迄今為止，這兩者在西方社會裡，似乎並未產生太大的衝突。當然，許多問題仍有待探討，但是神學家大多同意，對病危的人來說，移植手術是『符合人道標準』的最後手段……。心臟以及其它器官的移植手術，和主要教派的信仰是一致的。」

聖路易市保守派猶太教牧師伯納德・利普尼克(Bernard Lipnick)更進一步表示，「如果移植的目的是為了救人，不是為了進行實驗，而且捐贈人已經死亡，捐贈人的器官又可以救人一命的話，那麼這件事不但可行，根據猶太法典，這並且是一種善行。」

事實上，距今不久的人，還不太容易從事這件善行呢！那時候的人如果留書捐出自己的遺體或器官的話，他的遺願並不一定會實現的。一些非常麻煩而且八股的法律條款，使得遺體和器官的捐贈事宜，變得很不方便。比方說，根據習慣法，個體沒有權利捐出自己的身體供解剖用，因為個體最近的血親，有權保有「和個體死亡時呈同等狀態」的遺體。

甚至到一九六九年初葉的時候——這離第一次成功的實行人體心臟移植手術已經整整一年半了，人類並已成功的從遺體上，移植過數百個人體器官——一位密蘇里大學醫學院的法醫學講師還表示，不論大環境如何，「反正身為密蘇里州的律師，我不會建議本州醫生用去世捐贈人身上的器官，進行移植手術，原因很簡單，因為密蘇里州沒有任何前例可循——不論是法律條文或是判例——因此做這種事的醫生，很難說會不會惹來一身麻煩。」

不久後，也就是一九六九年五月二十八日，當時的密蘇里州州長華倫・賀恩斯(Warren E. Hearnes)，終於簽署了「統一解剖捐贈法案」，這個法案使得器官和遺體捐贈，變得合法而且簡單多了。

其實早在一百年前，也就是一八八一年的時候，紐約州便已頒佈了美國第一條允許人們在生前捐出自己遺體供醫學研究用的法律條款。此後，美國許多州相繼通過法令，賦予個人捐贈遺體和器官的權利。在那個時代，這個法律上的進展——一共有四十四州通過這種法令——實在值得讚揚。可惜美中不足的是，由於各州議會自行制定自己的法令，因此各州法令非但不同，而且有些相差很遠。這種情況所造成的問題是，此州收到的贈禮，往往不符合彼州的法律條款。因此把捐贈的遺體和器官，從這一州運送到那一州所涉及的法律規定，可以複雜到根本行不通的地步。由於繼承、死亡和出生事宜，隸屬州政府的管轄範圍，因此不能引用聯邦法。

許多法律上的問題，必須靠法規才能解決。因此「統一各州法規全國協商委員會」（一個由專家組成，負責統一及更新各州法令規章的常設機構），同意草擬一份「解剖捐贈法案」的範本，以改善這種狀況。在主席布來思・史塔森(E. Blythe Stason)的領導下，該委員會徵詢了一些醫學界和法律界人士的意見，經過數年的努力後，終於在一九六八年七月三十日，公佈了一份「統一解剖捐贈法案」範本。

這份「統一解剖捐贈法案」範本的基本條款如下：

1. 年滿十八歲以上的人，可以在死後將他的遺體或部分遺體捐出來供移植、研究用，或者存放在組織銀行裡。
2. 除了各州的驗屍法令以外，捐贈人的合法捐贈書，可以取代任何法令的法律效力。
3. 假如捐贈人生前未採取任何捐贈行動的話，他的家屬，必須按照特定的親屬排列順序，可以代替他捐出遺體或器官。
4. 接受捐贈的醫生，在誠信的原則下，可依法受到不被起訴的保護。
5. 病人的死亡時刻，必須由未介入移植手術的醫生決定。
6. 捐贈人可取消捐贈或者拒絕捐贈。

其實在「統一解剖捐贈法案」出爐之前，各州的捐贈法案，或多或少有一些雷同的地方，「統一解剖捐贈法案」只不過把這些共同點集中起來罷了。「統一解剖捐贈法案」才出爐兩年，美國五十個州便先後頒佈了完全相同，或者十分類似的法令。這些法令的主要觀點，和「統一解剖捐贈法案」完全相同，只不過各州對捐贈人的年齡、保密限制、以及證人數目的規定，略有不同罷了。

雖然醫學觀察家大衛・克里爾律認為，有必要準備一份公證過的捐贈聲明書，但是「統一解剖捐贈法案」卻規定，任何一種形式的書面聲明都可以，即使「只是一張上面寫著個人捐贈意願的卡片都行。」

但是捐贈人必須在卡片上簽名，另外捐贈人必須找兩位公證人，在卡片上簽名公證。當然，卡片的好處是，方便隨身攜帶，因此在非常時刻——亦即當捐贈人不幸死亡或性命垂危，而遺囑又下落不明的時候——醫生可以在捐贈人死後，採取一些必要措施。

有些醫生推測，將來，這種簡單的記事卡，很可能會發展成一種類似信用卡的文書卡。捐贈人的一些重要生理資料，比方說：血型、組織表徵、年齡、病歷等，全部會記錄在這張文書卡背面的小磁帶上。只要把磁帶上的資料輸入中央電腦，醫生馬上可以找出適當的組織和器官接受人。

目前，美國沒有任何可靠的統計數據顯示，有多少美國人立書捐贈自己的遺體或器官供醫學及研究用。一九六八年一月，在第一次心臟移植手術完成後不久所進行的蓋洛普民意調查顯示，每十個美國人當中，有七個人願意在死後捐出自己的心臟或重要器官供科學研究用。然而據估計，真正立書捐贈遺體的美國人，大約只有二十萬而已。

「國立腎臟基金會」等義務健康團體，曾經散發過兩百多萬張「統一捐贈卡」。（如果您想索取一張免費卡片的話，可以寫信到315 Park Avenue South, New York, NY10010, National Kidney Foundation 去索取。）但是沒有人知道，到底有多少人填寫捐贈卡，並且隨身攜帶卡片。

依照我的親身經歷，我估計每三十到五十張捐贈卡當中，只有一張在「上班」。一九七〇年，我首次到「國立腎臟基金會」訪問徐瑞訥博士的時候，我特別向該會要了幾十張空白卡片，準備送給我認為一定會對這件事感興趣的朋友和同事們。可是出乎我的意料之外，沒有一個人感興趣。

有一個人問我，「想那麼遠幹嘛？」另一個人則說，「等我死的時候，他們已經不需要我的遺體了。」上至老闆，下至朋友和只有點頭之交的人，我都一一詢問過。有些人一笑置之，有些人用玩笑迴避，有些人甚至假裝沒聽見。還有一些人則認為，根本不必作這種承諾。反正我無法說服任何一個人，收下卡片，填好卡片，並且把卡片帶在身上。

某些專業人士用這種普遍性的冷漠感為由，抨擊「統一解剖捐贈法案」不夠開明。這些人認為，法律應該把驗屍列為例行公事，同時應允許為醫學目的摘取器官，除非死者生前或者其最親近的親屬，反對此事。如此一來，這個擔子便落到病人和家屬肩上了，醫生不必再去主動徵求病人和家屬的同意。擁護這種作法的人辯稱，這種作法對病人和家屬造成的精神創傷比較小，所得則比較大。

這個建議的問題是，究竟誰有權擁有一個人死後的遺體。假如州政府有權驗屍，又有權摘取器官的話，那州政府為什麼不乾脆把處理屍體的責任，全部包下算了，包括所有的喪葬費在內？此外，某些人的宗教信仰可能反對肢體破壞，還有一些人的近親，可能來不及表態，這些人該怎麼處理呢？我相信我們一定可以找出一個折衷辦法。或許，良好的公民教育以及現有的法律規章，便足以解決這個問題了。

雖然身體/器官捐贈組織，一直不遺餘力的宣傳它們的信念，但是其實我們不難理解，為什麼大多數的人，對這種事情非常抗拒。首先，大家對死亡本來就有一種抗拒感。其次是偏見作祟；比方說，直到二次世界大戰的時候，還有一些人對輸血感到不可思議——尤其是把黑人的血輸到白人身上去，或是把猶太人的血，和非猶太人的血混在一起。但是當大眾瞭解到，輸血可以救活許許多多的人命之後，現在輸血已經成為一件稀鬆平常的事情了。

有朝一日，我們對遺體所具有的恐懼感、偏見、和自私心態，也會消失的。那個時候，世界各國很可能會各依所需，互相交換捐贈的器官，比方說：一位美國人移植了中國人的肝臟；一位蘇聯人移植了美國人的腎臟；甚至還可能有一位以色列人，移植埃及人的心臟呢！

當人類願意把生命這項獻禮，贈送給同類的時候，它所代表的意義，絕不只是生物學一個層面而已。

第三章　安樂死：讓他安息吧！

「生有時，死有時；……殺害有時，醫治有時。」

——傳道書　3：2—3

一九七二年初葉，米耳瓦基市和紐約市二位法官，在七天之內，分別針對兩件攸關個人死亡權利的類似案件，作出了完全不同的判決。

紐約個案的主角是克雷倫斯・貝特門，他是一位七十九歲，「已經完全失去意識」的銀行投資人。法院不顧貝特門太太的反對，判決紐約醫院——康乃爾醫學中心的外科醫生，可以為貝特門的心律調整器安裝新電池，以維繫貝特門的生命。

然而數天後，米耳瓦基市的法院卻判決，七十七歲的格楚德・洛曲太太，有權不簽署截斷壞疽腿部的手術同意書，法院准許她「在上帝的召喚下，自然安息」。這件案子的案情如下：一月二十一日，星期五，米耳瓦基市醫生醫院(Doctor's Hospital) 的行政人員瓦特・哈德曼，到蘇利文法官任職的法院申訴，洛曲太太不肯簽署斷肢手術同意書，雖然這將是她在六個星期內所接受的第三次大手術，以及十天內所接受的第二次手術，但是醫生說，如果她不肯再動一次斷肢手術的話，她的性命將會不保。過去十七年來，洛曲太太經常進出醫院和療養院，她沒有任何親人，她的小腿因為受到感染，已經被截斷一半了。

聽完醫院行政人員的申訴後，蘇利文法官表示，「本庭要決定的事情是，應不應該讓這位女士繼續活下去。因為根據醫生所言，除非她同意在今天下午三點鐘接受斷肢手術，這距離現在不到一個小時的時間，否則她活不過這個週末。」

結果，蘇利文法官判決，「本庭無權替有行事能力的成年公民，作任何決定，包括生、死的決定在內。」

蘇利文法官在作決定之前，曾經派遣一位律師到醫院去探望洛曲太太，以查明她是否還具有行事能力。這位律師回來後告訴蘇利文法官，洛曲太太雖然不能開口說話，但是她仍然具有溝通能力，他請洛曲太太用摸他手的方式，回答他的問題。他指出，洛曲太太表示，她雖然很痛苦，但是她了解他在說什麼。

該律師說，「當我問她，『你願不願意再動一次手術？』的時候，她只是不停的啜泣，沒有其它的反應。」

根據威斯康辛州的法律，除非當事人的精神狀態已經不能行事，或者已經癡呆，否則法院不能強行指派監護人代其行事，而蘇利文法官認為，根據律師的證詞，洛曲太太顯然仍具有行事能力。這是為什麼蘇利文法官駁回了醫院請求強行為洛曲太太施行另一次手術的申請。

這件案子引起了全國的矚目。卡片、信件、電話如潮水般湧入了醫生醫院。有一位小女孩甚至寫信詢問，她可不可以收養洛曲太太作她的祖母。一位住在休士頓市的家庭主婦表示，「我能不能幫她什麼忙？我實在很想幫助她，可是我不知道該怎麼樣幫助她。」

然而，雖然醫生說洛曲太太活不過週末，但是星期一的時候，洛曲太太仍然活著。就在那天，蘇利文法官的一位朋友打電話告訴他，「有一位住在我家附近的女士告訴我，她認得洛曲太太，她覺得如果她能和洛曲太太談一談的話，很可能洛曲太太會改變心意。」

這位「鄰家女士」是格楚德・克勞斯太太，她曾經在洛曲太太住過的療養院裡，擔任過行政人員。克勞斯告訴蘇利文法官，她曾經打過電話去醫院，希望能和洛曲太太聊一聊。可是由於這種電話太多了，醫院在不勝其煩的情況下，拒絕了她的要求，並且「掛斷了她的電話。」

基於這個因素，蘇利文法官決定第二天早上重審這件案子。第二天早上八點鐘的時候，蘇利文法官和克勞斯太太一起去醫院拜訪了洛曲太太。

蘇利文法官回憶說，「洛曲太太是一位非常瘦小、精明的女性。她睜著眼睛，一眼就認出了克勞斯太太，克勞斯太太告訴洛曲太太，我是她的一位朋友。洛曲太太想開口說話，但是發不出聲音。她用點頭和搖頭的方式回答問題。她記得她和克勞斯太太兩人共同的朋友。克勞斯太太拿出一張約克狗的照片給洛曲太太看，洛曲太太一看到那張照片，臉上立刻露出了笑容，她認得那隻狗，她住在療養院的時候，經常逗那隻狗玩。」

接著，克勞斯太太問她，「格楚德，妳為什麼不肯動手術？」這時，洛曲太太閉上雙眼，一直搖頭。克勞斯太太告訴洛曲太太，她願意陪她進手術房，手術後仍繼續陪伴她。但是洛曲太太卻繃緊了臉，蘇利文法官指出，「很明顯可以看出來，她不想再接受任何手術了。」

蘇利文法官表示，「洛曲太太除了因為太虛弱不能說話之外，絕對沒有任何證據顯示，她不具有行事能力……。我很確定這個決定是對的——我們決定讓洛曲太太，自自然然的接受上帝的召喚。」

事後，蘇利文法官在檢討這件案子的時候表示，這件案子最主要的法律問題是，「這位女士到底還具不具有行事能力？假如她具有行事能力的話，我絕對無權為她指派監護人。在我看來，這是一件很明顯的事情。可是如果她已經不具備行事能力的話，我恐怕得面對一個更頭痛的問題。那就是，對已經不具備行事能力的病人，醫生究竟該盡心盡力到什麼程度才能停止？」

這個「令人頭痛」的狀況，正是紐約州高等法院法官傑若德・卡金(Gerald P. Culkin)所面臨的狀況，他為克雷倫斯・貝特門指派了一位監護人，並且授權院方，「執行任何必要的醫療和外科手術，以保護及維繫這位病人的健康和生命。」

一位參與其事的外科醫生指出，院方要求法院授權執行外科手術的原因是，貝特門已經完全失去了行事能力，他對自己的狀況毫無所知，他無法作任何決定，而且他太太一再拒絕簽署手術同意書。

貝特門太太對法院的判決，以及院方堅持為她先生執行手術，以便為她先生的心律調整器更換新電池的事情，非常不以為然。她表示：「我盡可能的抗拒，最後我不得不讓步。」

貝特門太太說：「讓他這樣活著有什麼意義？一點意義都沒有。他什麼都不知道，他對任何事情都沒有記憶。他是一個植物人。對他來說，死了不是比活著好嗎？」

院方為克雷倫斯・貝特門的心律調整器更換新電池四個月後，他的情況一點也沒有改善，他現在「靜靜地」躺在康耐狄克州一所療養院裡「休息」。

裘瑟夫・富烈邱爾(Joseph Fletcher)牧師表示，以前，醫生面對的問題是，「我們能不能為人道的緣故，幫助人們脫離苦海？」可是現在這個問題已經轉變成，「我們能不能為人道的緣故，省略那些會延長病人痛苦的複雜程序？」

只要一提到應不應該延長無意義生命（或者增加死亡痛苦）的問題，人們一定會聯想到「安樂死」(euthanasia)這個名詞。

而當人們聽到或者讀到「安樂死」這個名詞的時候，很可能會馬上聯想到「慈悲殺人」的觀念，可是提倡這個名詞的人士卻表示，他們指的其實是這個名詞的字面意義：「好好的死，或者快快樂樂的死」，以及「輕輕鬆鬆、無痛無苦的死。」「euthanasia」這個字，源自希臘文，「eu」的意思是「好」，「thanatos」的意思是「死」。但是這個名詞所隱含的意義，卻為這個論題製造了許多爭議。為此，倡導「安樂死」觀念的兩個主要社團，安樂死協會以及安樂死教育基金會，考慮更改名稱——新名稱很可能是「死得有尊嚴」——這是針對不贊成「安樂死」這個名詞的人設計的。許多人之所以反對「安樂死」這個名詞，很可能是由於他們對納粹黨的罪行深惡痛絕，許多參與納粹罪行的醫生，用「安樂死」這個名詞，去掩飾他們的殺人罪行。

支持安樂死的紐約道德文化協會現任主席傑羅・那桑森(Jerome Nathanson)表示，「許多人以為，我們提倡的是慈悲殺人的觀念，但是事實上我們提倡的觀念，和慈悲殺人的觀念正好相反。我們倡導的不是殺人的觀念，而是允許人們死亡的觀念。」

許多擁護「安樂死」觀念的人，加入了安樂死教育基金會，或者該會的遊說組織——安樂死協會。這兩個非營利團體的辦事人員，大多是義工，他們共用曼哈頓市西五十七街上一間狹小的辦公室。一九六九年的時候，這兩個團體一共只有六百位會員。可是到了一九七一年年底的時候，這兩個團體的會員人數，已經超過六千人，而且還在迅速增加。任何人只要捐款給該會，便自動成為會員，由於許多捐款人是老人及退休人士，因此該會未設最低捐款額。

世界上第一個安樂死協會，是一九三五年的時候，由一位醫生在英國創立的，他創立這個協會的目標是，「使死亡法律變得溫和一點。」至於美國的安樂死協會，則是在一九三八年的時候成立的，但是該會的教育機能，卻是最近幾年才成形的。該會的目標是：

——敦請專業人士和社會大眾思考死亡的現實面。
——藉著公開、平實的討論，去緩和人們對死亡的恐懼感。
——審查臨終病人的醫療程序、教育和所受到的待遇。
——搜索符合人道的死亡方式，並且努力開創這方面的思潮。

該會贊助醫生、神職人員、社會工作人員、護士和律師，參加和安樂死有關的研究工作和研討會議。該會並且印製新聞通訊和教育手冊，寄給會員和有興趣的人士。每個月，該會總部都會收到數千封詢問有關消息，或者表示個人意見的信件。這些信件裡，也有一些負面意見。

一位住在加州的人士在信裡表示，「我不會讓地球上任何事情拖延我的旅程。」一位德州人寫道，「我完全同意你們的看法，假如我的生理或精神狀況不可能再復原的話，請允許我死亡」；還有一位住在費城的專業人士在信裡表示，他很感激該會「努力破除美國人對死亡和臨終過程所抱持的頑固思想。」

另外還有一位南部律師在信中指出，「我現在正在處理一筆遺產，這位已經過世的遺產所有人，拖了很久才真正的撒手人寰，其實他早就沒希望了，可是好幾位醫生硬要試試看，他在人工呼吸器的幫助下，拖了很長一段時間。他的醫藥費高達二萬五千多元，他的遺產幾乎全被掏空了。」而這封信的內容，其實並不特殊。

一位住在美國中西部地區，已經有三個孫子的老祖母寫道，「我已經七十歲了，雖然目前我的身體還很硬朗，但是當醫生覺得沒有希望的時候，我不想受罪。我也不希望我摯愛的人看到我受罪的樣子。」

各式各樣的信都有，有些信打印得很工整，有些信則是字跡潦草。寫信的人有些沒受過什麼教育，有些則是受過高等教育的專業人士，從學生到祖父母，從神職人員到凡夫俗子，應有盡有。這些人的想法，和喬治・巴克來 (George C. Barclay) 太太的想法差不多，這位七十一歲的安樂死協會和安樂死教育基金會的義工認為，「我們絕對應該尊重生命。但是我們也有權利死得有尊嚴。我們不應該讓美好的生命，用拖泥帶水的方式收場。」

安樂死其實是一種很古老的風俗。根據地理學家史傳伯(Strabo)紀元前一世紀的記載，在希臘的卡斯島上，每年都有一場為島上年老公民舉辦的服毒盛宴。在希臘最古老的殖民地之一——馬西里阿，亦即現代的馬賽，任何公民只要到元老院裡申述一下他尋死的原因——通常是疾病、悲傷或羞辱——並且得到元老院批准的話，即可到公共倉庫去領取毒藥。

西賽羅 (Cicero) 曾經在其後期作品中感嘆，「我們何必受罪呢？死亡的門已經為我們打開了，那是一個永恆的避難所，在那裡，我們對什麼事都沒有知覺。」

在柏拉圖(Plato)的《理想國》裡，理想的醫生應該「經驗豐富，醫道精通，努力行醫濟世，以使世人擁有更健康的身體和靈魂。……身體不健全的人，應任其死亡；靈魂敗壞而且無救的人，將會自取滅亡。」

紀元後的頭三個世紀，隨著基督教的崛起，人們對安樂死和自殺的態度，產生了極大的轉變。打從一開始，聖徒保羅便堅決反對任何形式的自我毀滅行為，聖奧古斯汀等教會長老，也支持這種看法。

然而那個時候，雖然教會的態度非常明確，但是醫學界對這件事情的看法，卻始終不太具體。當然，由於那個時代的醫學，並沒有進步到可以延長人命的地步，因此安樂死的問題，並不受重視。但是科學愈進步，這件事情所引起的爭議也愈多。

一八八〇年的時候，德國醫生洛耳福斯(Rohlfs)，曾經撰文敘述安樂死的重要性，他將安樂死稱之為「靈魂的催生術」，他認為安樂死是醫學的一環。

今天，許多反對「安樂死」的人，引用「希波克拉底司宣誓文」(Oath of Hippocrates)(這個宣誓文很可能根本就不是他寫的）去反對任何一種形式的安樂死。而支持安樂死的人則辯稱，希波克拉底司是二千五百多年前的人物，他根本沒有預料到，有一天人類竟然可以用機器去取代心臟和肺臟等重要生理器官的功能，因此他不可能預見因之而起的道德問題。還有一些人則辯稱，「希波克拉底司宣誓文」本身，其實並沒有問題，端看現代人如何詮釋它罷了。

這個宣誓文的第一段內容是：「我願根據自己的能力和判斷力，為病人提供最佳治療，並且盡量避免犯下對病人不利的過錯。」

一九六二年的時候，芝加哥庫克郡醫院（Cook County Hospital）麻醉師文森‧柯林斯（Vincent Collins），在《週六晚間郵報》的一篇專文裡指出，「假如你明明知道病人的意識不可能再恢復的話，那麼擾亂病人的清靜，究竟是不是一件對他有益處的事情呢？只有那些視人命為試管中毫無意識的原生質標本的人，才會認為這樣活著，也有它的價值。畢竟，意識才是賦予人類生命意義的東西。」

「希波克拉底司宣誓文」的另一段內容是：「任何人向我索取致命藥物，我絕不會給他，我也絕不會建議任何人服用這種藥物。」許多學者認為，這段內容的目的，是為了防止醫生掉進毒殺政敵的陰謀裡，那個時代的政治人物，常用這種手法除去政敵。

富烈邱爾牧師指出，「希波克拉底司宣誓文」中，其實並沒有任何宣揚「保存人命乃是最高美德」這種觀念的文句。他指出，希波克拉底司其實是一位因事制宜的醫生，因此他絕不會盲目的固守一套放之四海皆準的絕對通則。希波克拉底司最喜歡的格言之一是，「生命苦短，技藝綿長，世事無常，經驗惑人，是非難斷。」

富烈邱爾牧師指出，希波克拉底司明白「任何決定都有其相對性，因此他不會用獨斷和不負責任的絕對通則，去逃避困難。」

時下的醫學、法律和神學界人士，普遍認為安樂死具有兩種基本類型：直接性（或積極性）安樂死，以及間接性（或消極性）安樂死。所謂直接性安樂死是指，刻意用某種方法去縮短生命。比方說，故意把空氣注射到垂危病人的血管裡，以造成血管閉塞，便是一種縮短生命的積極作法，也是一種「慈悲殺人」。從時下的法律觀點來看，這種作法是一種謀殺行為。然而，許多人認為應該允許這種作法。

間接性安樂死比較常見，也比較複雜，這種作法雖然很難證明是謀殺，但是它卻很容易造成治療不當的控訴。所謂間接性安樂死是指，不主動引發死亡，但是允許死亡的發生。換句話說就是，用疏忽的方式去造成死亡，而不是用手段去引起死亡。間接性安樂死可能有下列三種型態：停止使用可以延長生命的治療法、完全不予治療以及給病人服用會致命的止痛藥。

值得一提的是，許多年前，富烈邱爾牧師曾經為間接性安樂死創過一個新名詞——反不良性死亡(Antidysthanasia)。他指出，安樂死這個名詞，指的只是直接引發死亡的積極性安樂死。然而，一位當時頗負盛名的神學家卻堅認，分裂名稱是不正確的作法。這位神學家指出，「任何一種形式的安樂死，都有其危險性。只顧玩弄文字遊戲是沒有用的。用語言去逃避問題，對那些一心反對安樂死的人來說，毫無助益。……即使用大家公認很複雜、很富有感情的文字，去軟化或縮短這個論題，也於事無補。」

抱持同樣想法的羅勃・莫里森(Robert Morrison)博士，也曾經在《科學》(*Science*)雜誌上指出，「想得愈多，就愈懷疑，允許一個人死亡，和加速一位垂危病人的死亡，這二者之間，到底有沒有分別……。這兩者的意圖似乎一樣，而關鍵就在這意圖。……這兩者的數學原理，非常類似，一減一和零不加一，似乎沒什麼不同。」

直到幾十年前，人類才發展出可以減輕痛苦和折磨的藥物與技術，人類並且將平均壽命提高了許多，一九〇〇年的時候，人類的平均壽命是四十七・三歲，一九七〇年的時候，人類的平均壽命已經高達七〇・八歲了。然而，在延長壽命這方面，人類似乎作得有點過頭了。我們是不是太注重生命的「量」，太不注重生命的「質」了呢？我們是不是太急於改進維持生命和恢復意識的技術，以致有點過頭了呢？我們是不是已經走到一個活著比死了還恐怖的階段？

一九五七年一月，《亞特蘭大月刊》刊登了一篇叫做〈一種新的死法〉的文章。這篇文章的作者在文中指出：

「現在的人有一種新的死法。那就是藉著現代醫學慢慢的死。假如你已經病入膏肓的話，現代醫學可以救你。假如你快死了，現代醫學也可以讓你拖一段很長的時間再死……。我們沒辦法詢問已經死掉的人，對這種死法有什麼感想。當他們在奮力解放自己靈魂的時候，現代醫學一次又一次地把他們拉回來，不知道他們對這樣的挽留，是不是感到很厭煩？對旁觀者來說，這場靈魂和醫學的戰爭，看起來似乎有違上帝的意旨。」

這場靈魂和醫學的戰爭，已經進行了一段時間，而且還會繼續下去。疾病的控制對現代醫學而言，幾乎已經不成問題。天花、傷寒、霍亂、小兒麻痺等，以前被視為天譴的疾病，現在已經絕跡了。但是新的戰役橫亙在前，新的領域仍有待開拓。

目前大部分的醫學道德問題，是由進步快速的生命和健康控制技術所引起的。醫學界每奏一次捷報，都會引起一些新的道德爭議。醫學愈進步，人類所面臨的抉擇也愈多。墮胎、受孕、節育、試管嬰兒、造成痛苦和壓力的新方法、控制思慮的方法以及創造生命的方法等等，都需要世人從嶄新的角度去深思其中的問題。事實上，人類已經開始學習，如何應付眼前的狀況，以及將來可能會發生的問題了。人工呼吸器、人工腎、人造的身體零件以及人體器官移植手術等，使得人類不但得肩負起控制生育和控制生命的責任，同時也得肩負起控制死亡的責任。

《醫德通訊》的編輯小法蘭克·艾德(Frank J. Ayd, Jr.)博士則表示，「愈來愈多醫生反對『現代死法——科技的祭品』這種差勁的觀念。有些病人不但告訴醫生和親人，『我不要用人工維持器，我希望死得有尊嚴，死得乾脆點』，他們還在身上放了一張寫著這種內容的卡片。」

沐浴在輝煌成就裡的二十世紀人，是不是應該為亂用輝煌發明而感到內咎呢？二十世紀的醫生、科技專家以及社會大眾，是不是該接受希鄂多·法克斯爵士(Sir Theodoe Fox)的著名譴責：「人類應該學習如何避免去作那些，作的目的只不過是因為知道怎麼作，所以就去作的事情？」

文章和圖畫裡那幅我們所熟悉的垂死病榻的畫面，現在已經難得見到了。以前的人大都死在自己家裡，親人和摯友均隨侍在側。他們明白死亡將至，而且心裡也作了一番準備。然而，現在已經很少見到垂死病人的親友，聚在病人家裡，彼此交換離別感情、信心和智慧了。華盛頓和林肯這兩位偉人的死法，和杜埃特・艾森豪(Dwight D. Eisenhower)總統的死法，就可謂有天壤之別，艾森豪死得可沒那麼容易。在心律調整器、組織纖維分離器，以及現代醫藥的幫助下，艾森豪總統的生命雖然延長了一些，但是他也經歷了一連串的健康危機——包括肺炎、腸阻塞，以及七次心臟痲痺。

現在的人大都死在醫院裡。死亡雖然仍是一件令人感到極端悲痛的事情，但是現代人卻無法再像以前的人那樣，在親情的籠罩下平靜的死去了。現在的垂死病人往往在藥物的影響下，處於昏迷狀態，他們在生命維持器嗡嗡聲音的包圍下，孤孤單單的離開人世。不能和摯愛的人分享人生最後一刻，往往令家人感到非常難過；我想，那些即將離去的人也必然會感嘆，為什麼他們和家人共享了一輩子的喜怒哀樂，可是他們卻不能和家人一起面對這最後，也是最大的一次危機呢？

假如末期病人認為，死是他們唯一的解脫之道的話，應該允許他們死掉，至低限度，也應該不要無謂的去延長他們的生命。富烈邱爾牧師曾經警告，「在醫療的白外衣上，還有一層很黑暗、給人壓迫感的邪惡色彩。我們發覺，挽救人命並不一定等於救人。死亡也不一定永遠是我們應該打擊的敵人，有些時候，它是我們希望請來幫忙的朋友。」

任何造訪過末期病房，或者聽過住院醫師說，「我要去幫植物人澆水了」，這種黑色笑話的人，都會同意上述的看法。我們何必用維生器或者其它方法，去延長或重覆病人的痛苦呢？前密西根大學醫學院院長哈柏耳特博士 (W. N. Hubbard) 曾經表示，「不顧逝者的尊嚴，或者加重失親者對瀕死過程的心理負擔，既不符合醫學傳統，也不符合人道精神。」

然而，除了人道精神和憐憫心之外，那些因疾病、年齡、或意外事故而喪失神智的人，所花費的金錢、人力以及所佔據的床位等因素，也是值得我們思考的問題。

上述種種並不是建議我們可以忽略某些病人的福祉，絕不是如此。我也不是在暗示，「拔掉插頭」或者不試試新藥、新方法，是一個很容易下的決定。這個令人左右為難的狀況，並不是最近才發生的，近幾年來，這種狀況已經出現過幾萬次了。醫生的職責是救人，把病人治好了便是成功，治不好病人便是失敗。

但是，很明顯的，醫生也必須分辨，他們究竟是在治療自己的不安，還是在為病人著想。假如醫生認為，病人死了就是表示自己失敗了的話，那麼他們很可能會不加節制的使用人工生命維持系統。而真正有智慧的醫生應該瞭解並且接受，死亡乃是一件不可避免的事情，它是人生的一部分。

佛羅里達州的渥特・沙基特(Walter Sackett)博士曾經指出，「我們在教導醫學院學生這套哲學（不計後果，救活人命）的時候，很少提及，什麼樣的生命狀態才有意義。其實我們應該教導那些初入行的醫生，一套更符合人道精神的維生理論。」

然而，誠如《醫學講壇》上的一篇社論所說的那樣，究竟怎麼作才算人道，也是一件令人左右為難的事情：

「我們經常聽到人們批評我們，用過於猛烈的方法，去治療瀕死的病人——因為病人往往被點滴、氧氣罩、醫生、護士等包圍著，以致家人難以親近身陷各種儀器當中的病人。人們譏諷我們的努力是在「延長死亡」，不是在延長生命，甚至有人要求我們重視病人死前的尊嚴，叫我們讓病人平平靜靜的死掉。……問題是，這種猛烈的治療方法，有時候也會奏效，很多「瀕死病人」推翻了入院時，我們對他所下的合理判斷，而得以大步的走出醫院。」

克里斯汀・巴納德醫生在他的自傳《我的一生》中，舉過一個他的親身經驗當例子。巴納德醫生指出，他在南非格魯特・雪耳醫院當實習醫生的時候，有一次差一點為一位飽受末期癌症折磨的女病人，執行安樂死。可是正當巴納德醫生準備將嗎啡因注射到那位女病人手臂裡去的時候，他突然覺得，自己「不但違反了社會人的法則，同時也違反了自身的道德。」巴納德接著指出，結果第二天，這位女病人的情況不但好轉了，而且她的病還被遏制住好幾年。

即使是經驗豐富的醫生，有時候都不敢講，他們所用的治療方法，是否會百分之百奏效。因意外事故、溺水和電擊而心臟停止的人，如果即時接受治療的話，通常不會出現腦部受傷的情況。可是如果死因是慢性疾病的話，就很難倖免了。但是人為方式通常可以使病人躲過完全的生物死亡，或者完全的腦死。然而，我們曾經在前面的章節裡提過，一個活蹦亂跳、具有思考力的人，可以變成一具像植物般的生物體。如果發生這種情況的話，病人有沒有死亡的權利？他可不可以自殺，或者要求別人協助他了斷生命？假如他已經沒辦法作決定的話，院方是不是該問問他家人的意見？假如病人沒有家屬的話，他的生死問題，可不可以交給一群醫生或者一位醫生決定？

許多人警告，把這種決定權交給一個人，尤其是醫生，所代表的意義很危險。原因很簡單，醫生的職責應該是救人，而不是殺人。法蘭克・艾德博士便曾指出，「允許醫生殺死他治不好的病人，實在是一件非常危險的事情。」對一個有良心，而且行事謹慎的醫生來說，要他們裁決病人病到什麼程度，才可以施予安樂死，更是一件萬分困難的事情。標準是什麼？

假如七十歲的重病老人應該施予安樂死的話，那麼和他病得一樣重的二十歲年輕人，或者很嚴重的畸形兒呢？天才和智能不足的人，是不是應該放在同一個天平上衡量呢？

另外一個比較複雜的原因是，醫生很難判斷，病人在提出安樂死要求的時候，是否很清楚自己在作什麼。有些人辯稱，任何想死的人，不是精神不健全，便是心智不穩定。美國某些州的法律甚至明文規定，自殺或者企圖自殺的人，應被視為精神異常的人。但是，想用死去結束肉體痛苦的瀕死病人，難道真的都是瘋子嗎？自殺行為和自殺嫌疑，倒是會影響人壽保險的理賠，因為大部分的人壽保險單上寫得很清楚，如係自殺，保險單上的賠償條款自動無效。可是對那些患了末期癌症的人來說，這種規定公平嗎？假如一個人沒有權利決定自己生死的話，誰有權決定呢？艾德博士指出，「社區人士最好不要把安樂死予以合法化，以藉此約束醫生，同時避免無德之輩侵害人權。」

奧克拉荷馬州金費雪耳市家庭醫生雷・麥肯泰耳(Ray V. McIntyre)博士，也曾經在《醫學議論》的一篇專文裡質疑過，讓醫生掌握安樂死的大權，是否妥當的問題。麥肯泰耳博士表示，「把安樂死予以合法化的想法，實在令人為之氣結」，尤其是大部分的計劃，要求醫生負責執行瀕死病人的願望。他並且指出，「現在的法律系統，乃是延請專業人士執行死刑，是故，要深受病人信賴的醫生去扮演殺手，實在是一件很反常的事情。」

但是從另一個角度來說，醫生也必須讓病人覺得，他不會讓他們承受不必要的痛苦、煩惱和壓力。早在一七九八年的時候，英國的費里爾(J. Ferriar)醫生便曾經警告，醫生「不應該作一些無謂的嘗試，去刺激愈來愈微弱的系統，這對病人來說，只是一種折磨，讓羸弱的脈搏多跳幾下，實在是於事無補。假如醫生不能減輕病人的痛苦，他至少應該保護病人不要承受太多痛苦……。如果事情已經到達最後關頭，分離已經不可避免的話……，就不應該再去打擾病人了。」

美國法院曾經數度肯定費里爾醫生的哲學。一九七一年的時候，一位佛羅里達州的法官，曾經在卡門・馬提內茲案裡，作出和格楚德・洛曲案類似的裁決，馬提內茲是一位七十二歲的古巴老人，她罹患致命的溶血性貧血症，已經二個月了。

為了保住馬提內茲太太的性命，院方為她動了一個非常痛苦的切割手術，也就是把她已經很糟糕的靜脈血管，切一個口子，以便不停的輸血到她體內。後來她終於忍不住告訴她的主治大夫羅藍多・拉波茲(Rolando Lopez)醫生，「請不要再折磨我了。」

這個狀況令拉波茲大夫左右為難，一方面，他不願意捲入協助或唆使自殺的控告，另一方面，他又不忍違背病人的意願，於是他決定徵詢一下法院的意見。

可是這件事情令巡迴法院的法官大衛・帕波(David Popper)也十分為難，因為美國的法律對這個問題並沒有定見。在沒有前例可循的情況下，帕波法官最後裁決，很明顯的，美國法律反對自殺，但是同樣明顯的是，一個人「有權不接受折磨。」

帕波法官指出，「我無權決定她該活還是該死；這得看上帝的意思……。但是一個人有權不接受痛苦。一個人有權活著，或者死得有尊嚴。」

帕波法官判決，不得強迫馬提內茲太太接受任何她覺得很痛苦的治療。於是院方停止了輸血治療，一天後，馬提內茲太太便去世了。帕波法官聽到馬提內茲太太去世的消息後只表示，「我希望她死得很安詳。」他不願意發表其它的意見，原因是，為了解決日後的「死亡與尊嚴」問題，這件案子很可能會上訴，基於職業道德，他不便發表任何意見。

同一年，紐澤西州高等法院宣判，「根據憲法，一個人沒有死亡的權利。」造成這個判決的案子如下：約翰・甘迺迪紀念醫院為了挽救一位二十二歲女病人的性命，特向法院申請替這位病人開刀和輸血的權利，理由是這位女病人的宗教信仰禁止輸血。這位女病人叫作狄洛羅絲・海斯頓，她信仰的宗教是耶和華的見證人教❶。

❶（譯者註）耶和華的見證人教(Jehovah's Witness)：一九三一年由查理斯・泰茲・魯梭(Charles Taze Russell)所創，創教時的名稱為魯梭教。現該教又名國際聖經學生教(International Bible Student)或千年曙光信徒教(Millennial Dawnists)。該教認為，世人可以按照《聖經》的字面解釋，準確的預測出

她在一場車禍中受了重傷；醫院裡的職員指出，她被送進醫院的時候已經休克了。醫生的診斷是，如果不立刻動手術醫治她破裂的脾臟的話，她必死無疑。而這項手術必須得輸血。但是這位女孩的母親珍・海斯頓卻堅拒輸血，她並且簽署了一份，註明院方不必為此事負任何責任的聲明書。於是院方決定請法院為病人指派一位監護人。結果法院批准了院方的申請，在病人的監護人簽署了開刀和輸血同意書之後，醫生為病人動了手術，病人因此倖免於死。

高等法院強調，「你不能說，從一個人自己手裡把一個人救活過來，侵犯了這個人的憲法權利，而讓救人的人吃上民事或刑事官司。」

法官指出，不論在習慣法或是紐澤西州的法律裡，企圖自殺都算是一種罪行，但是這位

「最後審判日」將會在何時來臨。而該教認為世界末日即將來臨，屆時，上帝和撒旦之間，將會有一場大決戰；上帝將會贏得這場戰爭，然後祂會在地球上，為信徒創造一個伊甸園。

耶和華的見證人教幾乎從不和其它教派來往，也完全不和世俗的政府打交道，包括美國政府在內。該教認為世界上的強權和政黨，都是撒旦的同路人，只不過身在其中的人不知道罷了。因此，該教不向任何一個國家的國旗致敬，拒服兵役，也甚少參與選舉。（資料來源：英文版《康普頓大英百科全書》，12, pp. 96–97.；英文版《大英百科全書》，6, pp. 524–525。）

女孩的律師卻辯稱，被動的接受死亡，和主動的尋求死亡，是兩回事。

法院答稱，假如州政府有權干涉一種自殺方式的話，它也有權利干涉另一種自殺方式。法院指出，「本院的裁決方向，比較偏袒保護生命，至於如何保護生命，則由各州政府決定。」

由於法規不一，因此美國和英國的律師及立法人員，對安樂死的問題感到很頭痛。英國著名法學家葛藍斐耳・威廉斯(Glanville Williams)指出，在現行的法規下，即使是志願性的安樂死，都會被視之為「病人想自殺，由醫生負責殺人。」

威廉斯解釋，「即使從慈悲的角度觀之，大部分的律師仍會認為，醫生至少犯了一般殺人罪(manslaughter)，而根據各轄區的法律規定，以及一般殺人罪的輕重程度，執行安樂死的醫生，最高刑罰可達終生監禁。」

另一方面，法律教授卻辯稱，其實某些人早就認為，「假如瀕死病人同意，而且死是病人解脫痛苦的唯一辦法的話，」從道德的角度來說，應該允許，甚至強制執行安樂死。此外，「一個人應該有權要求用死，去解脫無謂的痛苦，而幫助病人解脫痛苦的醫生，不應該受到道德和法律的制裁。」

這表示，在某些情況下，個體有權縮短自己的生命。然而，里昂・凱斯(Leon Kass)博士卻不贊成這種看法。凱斯在《科學》雜誌的一篇論文中指出，「嚴格的說，我很懷疑我們是否應該建立慈悲殺人的『權利』。因為權利和義務是一體的兩面，而我非常懷疑，我們可以把殺人，變成朋友和親人的責任。」

然而，這本著名雜誌的一位讀者，R・I・渥耳斐，卻投書質疑凱斯博士的論點，他表示，「不是應不應該建立這種責任的問題；而是我們本來就有這個責任。」

渥耳斐反駁：「當我看到凱斯那篇文章的時候，我的岳母正步入她生命中的最後階段，她已經受了很長一段時間的痛苦折磨。每一次我們去看她的時候，她都會責問我們（當她清醒的時候），『為什麼你們不讓我死？』她怪我們沒有對自己所愛和所敬的人，盡到照顧的責任，而我覺得她說的沒錯。」

這種情形，在今天來說，一點也不稀奇。時下的法律系統所根據的習慣法慣例，乃是建立在許多年前的醫學上，而不是建立在現代醫學上，因此它不可能涵蓋這種狀況。

另一方面，美國境內也從來沒有任何一位醫生，因為執行安樂死而被控入獄，或被永久性的吊銷執照。

在少數幾件因慈悲殺人而醫生遭到起訴的案子裡，有一件發生在一九四九年的英國或美國，當事人是新罕普什州曼徹斯特市的赫門・珊德耳(Hermann N. Sander) 醫生，他坦承將空氣注射到一位五十九歲癌症病人的血管內。這位醫生並且把這件事情，記錄在該病人的病例表上。

珊德耳醫生被控一級謀殺罪——依照當時的法律，最高刑罰可達終生監禁。可是陪審團並沒有起訴珊德耳醫生，因為他們沒辦法確定，珊德耳醫生注射空氣的時候，病人是否還活著，他們甚至沒辦法確定，導致病人死亡的原因，究竟是不是血管中的氣泡。因此珊德耳醫生只受到暫時吊銷執照的懲罰。

其它幾件案子中的被告，都是逝者的親人，而非醫生。在這些人當中，有些人被定罪了，有些人被開釋了。

一九二七年的時候，英國發生了一件父親淹死瀕死病女的案子。這位父親一直十分細心的照顧他的女兒，可是有一天，他在看護了女兒一整夜之後，覺得自己再也無法眼睜睜的看著女兒受罪了，於是他決定讓女兒脫離苦海。負責審理這件案子的法官是最高法院法官布朗森(Branson)，他在總結中強調：「我想重點在於，考量這個可憐的孩子，究竟是動物，還是人，因此，這位幫孩子解脫痛苦的父親，實在不應該受到責罰，如果他不這麼作的話，才該受到懲罰。」

結果陪審團宣判，被告的謀殺罪不成立。

然而，並不是每一位法官都那麼慈悲為懷，也不是每一組陪審團，都那麼深思熟慮。

一九三六年的時候，英國上議院提出了一個允許在某些情況和前提下，執行志願性安樂死的法案。雖然這個法案在三十五票對十四票的情況下，遭到敗北，但是它為日後的是類法案，開啟了一扇門。潘省的多森議員，在討論這個案子的時候表示，這個法案的道德觀，和生命的「品質」有關。他指出，重點並不在於生命的長短，而是在於生命的品質。

多森議員表示，「這是一個充滿了勇氣的年代，但是現代的價值觀和以前的價值觀不一樣。現代的生命觀重質不重量。當有用的生命結束之後，它的價值便降低了。期盼能夠死得安詳一點的觀念，不但在不知不覺間滲入了醫學界，而且也在不知不覺間滲入了法律界；雖然這件事情牽涉到縮短生命的問題。」

一九四七年的時候，紐約州的州議會也提出了一個允許志願性安樂死的法案。這個法案的內容如下：

1. 任何二十一歲以上，神智健全的人，如果罹患了非常痛苦的絕症，均可用經過證明的簽名文件，向法院申請安樂死，申請文件需附上主治醫生證明申請人確實罹患了不治之症的具結書。
2. 法院會指派一個三人委員會，其中至少有二名是醫生，詳細調查該案，然後向法院呈報，申請人是否瞭解申請目的，以及該案是否符合法律規定。

3. 法院將會批准委員會認可的申請件，法院批准後，如果申請人仍希望執行安樂死的話，可由醫生，或申請人和法院所挑選的任何人，為申請人執行安樂死。

雖然這個法案後來也慘遭滑鐵盧，但是許多人對這個法案的大原則卻深表贊同。諷刺的是，不少反對該案的人士所持的反對理由乃是，為了防止濫用和誤用，該案的用字遣詞過於謹慎。

一九六八年的時候，英國安樂死協會為了促使志願性安樂死合法化，特別發動了一場大規模的宣傳活動，事後，該會並草擬了一份安樂死法案。這份法案授權醫生為那些，「從理性的角度觀之，罹患了很痛苦的不治之症，而且在三十天以前曾經申明過，如果發生某種特定狀況的話，希望安樂死的病人，執行安樂死。」

這個法案的發起人，上議院議員雷格冷(Raglan)辯稱，所有的人都應該有權決定，什麼時候死，以及怎麼個死法。但是有些人認為，醫生應該拒絕病人的死亡要求。另外還有一些反對該案的人士認為，非官方的安樂死運動為數實已不少，因此似乎沒有必要再用法令去推動這個已經十分普遍的觀念。雖然受人敬重的外科醫生西枸爵士(Lord Segal)，親自到上議院作證，他曾經執行過積極性和消極性的安樂死，但是議院仍然在一九六九年的時候，駁回了這個法案。

在安樂死團體再接再厲的努力下，這場戰爭一直在英國進行著。一九七〇年的時候，勞工黨的休・葛雷(Hugh Gray)醫生在下議院提出了另一個法案，這個法案如獲通過，將可使「為希望安樂死的病人執行安樂死，成為合法之事。」結果葛雷醫生提出的法案，在一片怒叱聲中敗北。葛雷醫生在敘述他個人想法的時候表示，「假如我在來這裡的途中出了車禍，而我的腦部因此受到永久性傷害的話，我希望能夠平靜的死去。你們可以把這稱作自殺，隨你們的便——但是我覺得這是一種選擇，一個成年人有能力作的選擇。」

佛羅里達州立法委員小華特・沙基特(Walter Sackett Jr.)醫生，從一九六八年開始，每年都在該州的州議會上，提出「尊嚴死」法案。起初，他把這個法案當成「佛羅里達州憲法基本權利條款修正案」提出。該法案的內容如下：「在法律之前，所有的自然人均生而平等，並且具有不可剝奪的權利，這些權利是享受以及保護自己的生命和自由，『死得有尊嚴』，追求快樂……。不得因種族和宗教理由，剝奪任何人的這些權利。」括號中的字句，是沙基特建議在基本權利條款中加入的字句。然而，最近，沙基特醫生已經將這個案子，改成法案的形式提出了，他指出，這個法案代表他終生奉為圭臬的行醫哲學，「死亡和出生一樣，都是一種榮耀，因此何不讓它來得輕鬆點。」

這個法案提議，個體可以在簽名文件中註明，「當有意義的生命結束後，請不要延長他的生命，請尊重他死得有尊嚴的權利。」這份文件的起草方式，必須仿照遺囑。假如個體的身體或精神狀態已經無法作決定的話，沙基特法案提議，可由個體最親近的親人，代其作決定，若無親人的話，可由三位醫生共同決定。

雖然沙基特所提的法案和修正案均未獲通過，但是他並不氣餒。他指出，他最有力的辯詞是：「有一個問題可以很快的解決親人猶豫不決的態度，這個問題是：『假如躺在那裡的人是你的話，你希望怎麼樣？』結果千百人曾經回答我：『噢！醫生，讓我死了吧！』這個問題可以立刻打散家人的猶豫心，也可以使我們作出非常明確的醫學決定。」

截至目前為止，英國和美國的安樂死法案之所以會全部敗北，主要是基於以下幾個原因。有些人認為，不應該用這些法律手續，去打擾病中的人；有些人則害怕，這個志願性安樂死的法則，會擴及智障兒以及高齡老人。還有一些反對這類法案的人士指出，其實某些醫生基於同情病人，不論病人同意與否，一直都在明裡暗裡，幫助那些痛苦的病人提早死亡。

許多醫生證實了這種說法，他們坦承，他們經常在醫院裡執行消極性的安樂死。還有一些人聲稱，他們知道某些醫生的作法更積極。一位醫生指出，他知道有一位年長的同事，每次遇到很痛苦的末期病人時，「都會主動開一些止痛藥給病人。他會把整瓶止痛藥放在病床旁邊的桌子上，然後告訴病人說：『這些藥可以止痛。每四小時吃兩顆。如果你一次全部吞下去的話，你準會死掉。』」

英國動物學家暨人類學家戴斯蒙特・莫里斯(Desmond Morris)博士認為，從現實的角度來說，法律的觸角不可能延伸到每個地方。他對安樂死的看法是，「在某些情況下，假如某些人犯規的話，你不能強制執行法律，因為如果你要真正的推動這些法令的話，就必須讓某些人擁有較多的權利。我想我們應該保存不得擅取人命的規定，但是我們在推動這項規定的時候，不妨賦予這些規定一些人道和諒解的彈性空間。」

莫里斯博士的觀點的確值得支持，但是問題是，由誰負責執行這個具有人道和諒解彈性空間的法令？是法院，家屬，州政府，還是醫生？

在缺乏明確規定的情況下，醫生早已被非正式的指定為這件事情的執行人。華盛頓大學教授R・H・威廉斯(R. H. Williams)博士，曾經針對醫學教授協會會員，作過一次問卷調查，威廉斯博士指出，在寄回的問卷中，有百分之八十七的人支持消極性安樂死。其中百分之八十的人坦承，他們曾經執行過安樂死。只有百分之十五的人贊成積極性安樂死。

研究人員針對一所社區醫院的醫生，以及該院一年級和四年級的醫學院學生，所作的類似調查顯示，百分之五十九的醫生，百分之六十九的一年級學生，以及百分之九十的四年級學生，贊成消極性安樂死。百分之二十七的醫生，百分之四十六的一年級和四年級醫學院學生，贊成積極性安樂死。

由於在理想上，美國法律應正確反映出社區及專業人士的意見，因此在社會大眾和專業人士均愈來愈願意討論這個問題的情況下，美國法律遲早會改變的。近年來，被大家議論紛紛的墮胎法案，便經歷過類似的過程。墮胎法的進化過程，始於一九五九年美國司法協會所推薦的模範法，這個程序一直延續至今，目前有關州議會是否應該更新法令的討論，可謂是甚囂塵上。

要修改那些涉及道德尺度的法律，實在是非常困難的事情。政治人物非常清楚，修改這種法律贏不了幾票，但是萬一因此觸怒了各路人馬的話，那可會損失不少票源。這是為什麼立法委員比一般民眾更容易受到傳統民風、通則和禁忌的影響。站在法律改革運動的最前哨本已不容易，尤其是當世界上沒有任何一個國家，將安樂死予以合法化的時候，情況就更艱難了。

雖然如此，某些國家也採取了一些步驟。比方說，瑞典的法律規定，醫生可以把毒藥放在病人手裡，但是不得親自執行安樂死。挪威則允許法官將慈悲殺人的懲罰，減到比法律規定的最低懲罰還低的程度。英國則在一九六一年通過的「自殺法案」裡規定，在任何情況下，自殺都不算違法，但是不得協助他人自殺。

這些是各國邁向安樂死合法化過程的最初幾個大膽性嘗試。某些人指出，由於許多國家的現行法律中，有一些反對安樂死的實際因素，這是為什麼這些國家尚未採取任何步驟。法學教授葛蘭威爾・威廉斯(Glanville Williams)指出，某些阻礙實際法案通過的因素，其實有利於安樂死的不成文規定。

威廉斯指出，第一，你很難找到足夠的證據，去指控醫生因人道因素，故意用過量的藥去「謀殺」病人。而且即使病人確曾服藥過量，也幾乎不可能確定，最後的藥量，甚至最後一次服用的藥物，是否是導致病人致命的真正原因。第二，檢察官通常很不願意起訴出於善意為病人執行安樂死的醫生。第三，在這種情況下，陪審團通常不會將醫生定罪。最後，即使最壞的狀況發生了，也就是醫生被定罪了，也會從寬發落，絕不會處以死刑。

雖然缺乏支持安樂死的法律條文和案例，但是英國安樂死協會以及它的美國姊妹會，卻設計了一份文件，以幫助那些希望安樂死的人，得償夙願。這份文件的內容如下：

「致我的家人、醫生、牧師和律師

假如我失去了自主能力，這份文件代表我的遺願：

我，(姓名) 要求死亡，請不要用人工維生系統或非常手段去維持我的生命。死亡其實和出生、成長、成熟、衰老一樣，皆是人生必經之路。我並不畏懼死亡，但是我不願經歷衰竭、依賴、毫無希望的痛苦過程。我要求在疾病的痛苦末期，服藥去加速我的死亡。

我經過仔細思考，才作出了上述的決定。雖然這份文件不具有法律效力，但是如果你們愛我的話，我希望你們尊重我的意願。我知道，這份文件必然會讓你們感到負擔沈重，但是我準備這份文件的目的，正是為了分擔你們的負擔，以及減輕你們的罪惡感。」

美國安樂死協會一共散發了六萬多份上述文件。雖然這份文件不具有法律效力，但是愈來愈多醫生尊重這份文件的精神。這些醫生顯然同意威廉斯所說，現實因素使得涉及安樂死控訴的醫生，很難被定罪的看法。

事實上，醫生根本不可能逃避，決定要不要延續病人生命的判斷過程。其實，每當醫生下令為得了不治之症的病人，裝上人工維生系統的時候，他也等於作了一次安樂死的決定。醫生必須決定要不要讓病人接受外科手術、化學治療、放射線治療等方法，如果要的話，應該讓病人接受何種治療法。醫生也必須決定，應該讓病人接受在精神和肉體上較不痛苦，但是生命可能會縮短的治療方法，還是應該讓病人接受較痛苦，但是可以多活一段時間的治療方法。

的確，醫生並沒有絕對的法則可以遵循。哲學家和神學家幫不上醫生的忙，因為他們也不知道該如何解決這個兩難的情況。面對這麼重大的道德問題，主要的教派自然會出現分裂的局面。然而，即使在最正統的教派裡，信仰「尊嚴死」的醫生，都可以找到支持這個信念的教義詮釋。

猶太教牧師英梅紐爾・傑柯波威茲曾經在《希伯來醫學雜誌》上的一篇論文裡表示，「任何一種形式的積極性安樂死，均應視為謀殺，並應嚴格禁止……。殺死瀕死病人的人，應該和一般殺人犯一樣，被處以極刑。但是猶太法典允許停止使用任何一種人工維生方式——不論是體內或體外的維生方式。」

傑柯波威茲牧師指出，根據猶太教義的參考文獻，這是指活不過三天的病人而言。換句話說，替還可以活幾個星期或幾個月的人執行安樂死，乃是一件不可饒恕的事情。毫無疑問，某些猶太官員的尺度，比這更窄。但是另一方面，「保守及修正派猶太人」的尺度，則遠比這寬鬆。

羅馬天主教第十二世教宗的觀點，流傳較廣。這位教宗表示，假如一個人的生命已經衰竭到毫無希望的地步，醫生可以停止施救，以便「讓那些事實上已經死亡的病人，平靜的離開人世。」他指出，在毫無希望的情況下，實在沒有必要執行非常的治療法。他並且進一步指出，用可能會縮短生命的止痛藥，去解除令人難以忍受的痛苦，是可以的，但其先決條件是，「必須不涉及其它目的，另外，這種作法亦不能妨礙病人的道德及宗教義務。」然而，教宗亦非常明確的指出，未經病人同意的積極性安樂死，是一種謀殺；經過病人同意的積極性安樂死，則是一種自殺。這位羅馬教宗指出，「假如從道德的角度來看，這是一種罪過的話，那麼不論在任何情況下，都不應使其合法化。」

數年前，紐約州的富耳頓・希恩(Fulton J. Sheen)總主教，曾經和梅爾診所(Mayo Clinic)的愛德華・來訥耳森(Edward Rynearson)醫生，在亞特蘭大市召開過一個記者招待會，希恩總主教在會中表示，「假如醫生告訴我，我必須靠非常方法才能活命，然後在我身上插滿管子，以維持我的生命的話，我想我會請他們把管子拿掉。在這種情況下，我認為沒有所謂的道德問題。」來訥耳森醫生是衛理公會的教徒，他經常公開反對延長瀕死病人的生命，他指出，「醫生不應該致力延長『植物人』的生命……。因為只要插上足夠的管子，罩上氧氣，病人是很不容易死掉的。」

希恩總主教明確表示，假如家人要求的話，醫生應該繼續病人的維生治療，但是他也表示，假如來訥耳森醫生「是主治醫師的話，我會聽他的建議。」

聽說新教教徒「對安樂死的看法很分歧，什麼樣的意見都有。」但是一般而言，新教教徒對安樂死的態度其實還算開明，而且許多擁護安樂死的新教教徒認為，這件事情應該視個別狀況而定。

以上種種適足以說明，美國社會實在有必要深入檢討安樂死的問題。誠如約翰・辛頓(John Hinton)在《瀕死》一書中所言，「由於我們缺乏安樂死方面的準備和法規，以致讓許多人平白受了很多罪的論調，似乎是對美國社會的一種嚴重苛責。」

第四章　瀕死病人

「你無需畏懼生命中的任何事情。你需要的是想辦法悟出這些事情的道理。」

——瑪琍・柯里(Marie Curie)

布來恩・P先生已經五十歲了，但是他看起來比實際年齡年輕。他得了癌症，不久前才動過手術，把胃切掉了一部分。手術後，他對自己的病情十分樂觀，他計畫再過幾年就辦理退休。可惜事與願違，他的病情每況愈下。他愈來愈瘦，也愈來愈虛弱。每當他想到自己將不久於人世的時候，都會感到非常沮喪。

P先生的太太一直勸他不要擔心，她不斷告訴P先生他不會有事的，他的健康和活力很快就會恢復。但是P先生的情況愈來愈差，沒多久，他又住進了醫院。這次，醫生在他的肺裡發現了惡性瘤。雖然如此，他的太太仍然堅信他會復原，每次P先生的太太到醫院探望P先生的時候，都會提醒P先生，他答應她退休後，要到美國西南部去買一幢房子養老。

當P先生的女兒從大學趕回來探望她父親的時候，她著實被她父親的病容嚇了一跳，她告訴她父親，「你非得好起來不可。」女兒走後，P先生想起她小時候，自己常因公出差不在家，心裡甚感遺憾。第一次手術後，雖然P先生不像以前那般忙碌了，但是他的女兒卻離家上大學去了。

然而，雖然P先生復原的希望很渺茫，而且他的病讓他感到很痛苦，但是他的家人卻不斷提醒他，他們很需要他，他們相信他很快就會復原的。護士一直鼓勵他多吃一點，醫生也經常和他討論，是不是再動一次手術。這一切都使P先生覺得，他沒有對象可以討論自己的嚴重病情。

直到有一天下午，醫院的心理醫生去看P先生，並且告訴P先生，如果他想找人談談的話，可以找她時，P先生才用微弱的聲音告訴她，他醒著的每一刻都很痛苦，因為他無法滿足家人的期盼。P先生問那位心理醫生，「我想一直睡，一直睡，再也不要醒過來。但是在每一個人都希望我康復的情況下，我怎能死得安心呢？」

於是這位心理醫生以中間人的身份轉告P先生的家人，請他們幫助病人安心地離開人間。她指出，病人其實非常勇敢，但是病人家屬那種「不肯讓他走」的態度，卻令他感到萬分難過。心理醫生表示，其實病人已經準備離開這個世界了，因此讓他接受更多的醫學治療，反而違背了他希望用沈睡去解脫痛苦的心意。

顯然，家人的失望感，比疾病更令P先生感到痛苦。而當P先生的家人終於願意接受他即將死亡的事實後，他們不再勸P先生努力恢復健康，P先生因此得以安心地離開人間。

美國每天大約有五千人死亡。有些人死得很輕鬆；有些人則不然。有些人走得很快，有些人走得拖拖拉拉。但是重要的是，許許多多的人由於不清楚自己的病情，或者不知道應該如何面對自己的親人，以致死得很不平靜。究竟有多少人得像P先生那樣，承受不能和家人、醫生、護士討論自己真正病情的痛苦呢？死亡其實和出生一樣，是一件很自然的事情。它是人生的一部分，誰也無法逃避。然而，我們卻很少抱著諒解的態度，去幫助我們的家人和朋友，度過他們人生最後的旅程。或許，這是因為這麼作會迫使我們想起，有一天我們自己也得面對死亡吧！

南加州大學(University of Southern California)精神病學教授赫門・費佛(Herman Feifel)表示，「我們對死亡的尷尬態度，使得瀕死病人只能孤孤單單的活在死亡邊緣的無底洞裡，沒有人瞭解他們。」

的確，雖然現代醫學可以幫助病人克服許多肉體上的痛苦，但是它對紓解人生最終的孤獨感，卻是無啥貢獻。瀕死病人必須獨自面對內心的痛苦、悲傷以及羞辱感。我們的社會並未替瀕死病人，提供任何可以遵循的典範或模式。

神學家保羅・倫西 (Paul Ramsey) 在《病人也是人》一書中指出，「死亡的痛楚，在於那種孤伶伶的感覺。離世的感覺，比死更可怕，更令人窒息。」

死亡是一種非美國式的東西。它的必然性冒犯了美國人不可剝奪的「生存、自由和追求快樂」的權利。史學家阿諾・投英比 (Arnold Toynbee) 曾經在《人們對死亡的看法》一書中，對美國人的死亡心態，作過很精闢的描述。他指出，「假如美國人肯承認，即使在美國也逃不了一死的話，那麼他們可能會承認，美國並不是所謂的人間天堂。」蘇格拉底曾經在《費爾多》(*Phaedo*) 一書中指出，「假如你看到任何人在臨終的時候，表現得很苦惱的話，那麼這個人一定不愛智慧只愛肉體。事實上，我相信這個人也一定很眷戀榮華富貴。」

蘇格拉底生命中的最後一天，是在監獄裡度過的，死前，他仍在和自己的學生及朋友，討論生命的哲學。這位勇敢的哲人，即使在飲用毒胡蘿蔔精的時候，身心仍十分平靜。他的臨終之言是，感謝治癒一切的上帝，因為這位偉人死前洞悉出，死亡可以治癒不盡完美的生命。

事實上，許多瀕死的人，反而會很同情守在他們身邊，為他們送終的人。詩人強・基斯(John Keats)二十八歲的時候，因肺結核而纏綿病榻，臨終時，他的好友賽文(Severn)陪侍在側，基斯問賽文，「你有沒有看過死人？」賽文回答，「沒有」，於是基斯抱歉的說，「我想我不會起痙攣，也不會拖太久的。」

然後賽文看到詩人眼中閃現出一股奇異的光芒，喉中好像湧上一口痰。接著詩人說「賽文，扶我起來，我快死了。我想我會死得很輕鬆。別怕。感謝上帝它終於來了。」強・基斯死得很快，快到他的朋友以為他又睡著了。

然而，即使一個人面對的是必須拖很久的死亡威脅，他仍然能將死前的有限生命，變得更有價值。精神病學家費佛 (Feifel) 指出，「令人鼓舞的是，對某些人來說，死亡的威脅不但沒有破壞性，而且還具有整合作用。很明顯的，這些人不但能夠適應死亡威脅所帶來的非常壓力，而且還能在它的刺激下成長和蛻變。」

一位二十九歲，有二個兒子的母親，知道自己得了不治之症後表示，「我以前總是擔心帳單和收支是不是平衡。自從醫生告訴我，我得了癌症之後，我再也不擔心了，我好好的環顧了一下我的四周。我從來沒有意識到，活著原來是一件這麼美好的事情。我不覺得這個新念頭會讓我死得比較困難。至少，我可以真正的活幾個月。」

著名心理學家阿布拉罕・麥思樓 (Abraham Maslow) 曾經在一九七〇年，他死前不久，表達過類似的感受。他表示，自從他心臟病突發之後，他努力完成了他認為他此生最重要的工作，這使他感到無比的滿足。他寫到，「我把握每一刻。我盡了最大的努力，我覺得自己死得正是時候。……這個結局很理想。」麥思樓如是形容他生命中最後的歲月。他表示，「如果你認命，或者如果你知道你會善終，以及死得很有尊嚴的話，那麼剩下的每一天對你來說，都是嶄新的一天，因為你心中那股對死亡的恐懼感，消失了。」

大部分的人對死亡沒有什麼心理準備，而且也不願意摘掉心中對死亡的恐懼感。或許，這是因為他們對死亡和瀕死過程過份畏懼的緣故吧！一九七〇年的時候，南加州大學曾經針對一八三位中年人和老年人，作過一次調查，其中百分之六十三的受訪者表示，他們並不畏懼死亡。這些介於五十歲到八十六歲的人，大都對死亡和瀕死過程具有良好的心理調適，同時心中也比較不會懸掛死亡的問題。

另外還有百分之二十八的受訪者表示，他們對死亡「並不十分害怕。」只有百分之九的受訪者表示，他們對死亡感到「非常害怕。」

我們總以為，大部分的老年人對死亡和瀕死過程，一定感到十分害怕、擔心和掛念。然而，南加州大學的這項調查，似乎推翻了這種看法。類似的調查亦發現，年輕人對自身的死亡問題，也不怎麼畏懼——至少他們是這麼說的。不過，最近的一次非正式調查，卻和華倫・米斗騰(Warren C. Middleton) 一九三五年針對狄咆大學(Depauw University) 及巴特勒 (Butler) 大學學生所作的調查，顯示出類似的結果。米斗騰的調查顯示，百分之十二的受訪者表示對死亡非常害怕，百分之二十五的受訪者表示對死亡一點也不害怕，百分之六十二的受訪者表示，他們對死亡這件事漠不關心。絕大部分的學生（百分之九十三）指出，他們幾乎沒有想過自身的死亡問題，只有百分之八的學生說，在他們的想像中，死亡是一件很痛苦的事情。事實上，研究指出，大部分人的猜測是對的。

一八八〇年代末期時，著名的臨床醫學家暨教師威廉・奧斯勒(William Osler) 爵士，曾經針對五百位瀕死病人的死亡方式和死前情緒，作個調查。在這五百件個案裡，只有百分之十八的人蒙受肉體痛苦，只有百分之二的人蒙受死亡將至的精神痛苦。威廉爵士的結論是：「我們把死亡當成最可怕的事情，其實很痛苦的死亡並不多見。因死神的腳步愈來愈接近而感到非常懼怕的人也不多。事實上，牛頭馬面在拘捕人犯的時候，雖然毫不留情，但是只有少數人真正嚐過他們的鐵腕。嚴厲的自然法則對大部分的人非常慈悲，而死亡其實和出生一樣，也是一種沈睡和遺忘。」

雖然如此，然而資料卻顯示，人們對死亡和瀕死過程（或者對死亡和瀕死過程中真正或想像中的肉體或精神痛苦），感到非常害怕。

然而，心理學家暨偉恩州立大學 (Wayne State University)「臨終、死亡及致命行為心理研究中心」主任羅勃・凱斯坦邦 (Robert Kastenbaum) 博士卻指出，由他主導的一項研究結果顯示，人們對死亡的看法，和他們面對死亡時真正的感受，其實相差甚遠。假如果真如此的話，那麼這項研究結果幾乎推翻了前面所提的所有「對死亡恐懼感」的調查結果。

凱斯坦邦的研究小組，訪問了一群家庭主婦，這群家庭主婦對死亡的看法是，有些人堅信靈魂不滅，有些人坦然接受事實。然後研究人員帶這群家庭主婦去醫院探望了一些病人。有些病人將不久於人世，有些病人只有一些小病痛。不論這些家庭主婦當初對死亡的看法如何，反正她們都只接近「小病小痛」的病人，也都只和「小病小痛」的病人熱烈談話，她們不但和那些快死的病人保持距離，而且不願意接觸這些病人的目光。

這種非常明顯的狼狽態度，使得瀕死病人的處境變得很困難。凱斯坦邦指出，這使得瀕死病人「不知該如何自處。這些瀕死病人大多都很老了，以我們的標準來說，都是一些『不中用』的人。當瀕死病人被視為一部即將報廢的機器時，他們似乎連個容身的地方都沒有。」

許多專家指出，我們之所以會那麼畏懼死亡，或者那麼難以接受死亡，乃是因為在我們的早年生活中，我們幾乎從來沒有接觸過死亡的關係。現代人的長壽以及家庭的流動性，嚴重限制了人們對死亡的認知。現在大部分的美國人，並不是死在自己家裡，三分之二的美國人乃是死在醫院或老人院裡，某些人將老人院戲稱為「人類垃圾場」。另一方面，這些人的孫兒亦無緣在其成長過程中，參與親人的死亡過程。

哲人路易斯・曼佛德(Lewis Mumford)曾經在七十四歲的時候表示，「每一代人都需要彼此。以前，死亡是一件家族事務，它使得各代的人凝聚在一起。可是現在，死亡使得各代的人分開了。」

對即將死亡的人以及他們的家屬而言，死亡想必是一件驚天動地的大事。死亡是一個極點，是人生的最後一章，是所有關係的結束。由於將死之人可以用一種比較均衡的態度檢視自己的生命，因此他們通常會變得比較成熟，比較有信心。愛荷華大學(University of Iowa)精神病學家盧梭・諾伊斯(Russell Noyes)指出，「將死之人的勇氣和尊嚴，事實上將會永遠留存在親人的記憶中。」

諾伊斯指出，我們之所以那麼畏懼死亡，主要有三個原因：第一，我們對死亡感到很陌生。第二，我們對生命的終結，感到很害怕。將死之人害怕榮華富貴的結束，害怕和家人關係的斷絕，害怕不必再奔向那個我們並不十分明白的目標。活人的悲痛是，他們即將失去一位好友或親人，可是將死之人的悲痛則是，他們即將失去所有的朋友、親人和他自己。第三個因素和所謂的死後生命有關。死亡向來被視為一種懲罰；而畏懼懲罰，尤其是未知的懲罰，豈非是一件很正常的事情？

對那些不清楚自己真正病情的人來說，這種恐懼感會更深。一位罹患癌症的中年婦人向醫生抱怨，她覺得很緊張；因為她瘦了將近六十磅，她的牧師常常來看她，她的婆婆也對她特別好，雖然「我對她比以前更壞。」

於是醫生問她，「妳的意思是說，妳認為妳快死了嗎？」

這位婦人回答，「是的。」

當醫生告訴她，她的想法沒錯後，她笑著說，「我終於打破了沈默。總算有人告訴我實話了。」

一九五○年代末期和一九六○年代初期時，哈佛大學心理學家湯瑪士・黑基特(Thomas Hackett)和艾佛里・偉斯門(Avery Weisman)，曾經針對十六位波士頓地區癌症患者的反應，作過五年的追蹤研究，上述的女士，是其中一位病患。這項研究調查的結論是，應該告訴瀕死病人真象，即便只是為了讓他們不必再表面上假裝樂觀，卻在心裡上作最壞的打算。

這兩位心理學家發現，他們所研究的病人，雖然都不知道自己得了癌症，但是他們其實都有點懷疑，自己可能將不久於人世。當病人確定自己真的得了癌症以後，他們反而鬆了一口氣。黑基特和偉斯門的結論是，雖然真象可能會促使瀕死病人放棄求生的希望，但是告訴他們真象仍是一種正確的作法。當這兩位心理學家在一九六一年的「美國心理學會議」上，介紹這個研究結果的時候，許多同僚反對這種論調。查理斯・沃爾(Charles W. Wahl)博士便指出，「絕對不應該剝奪病人的希望。最痛苦的折磨不是死亡本身，而是知道自己什麼時候會死掉。」十二年之後，我們仍然可以在專業論文和專業會議上，看到或聽到類似的爭議。我將會在〈醫生與死亡〉那一章裡，更深入的討論，是否應該告訴得了不治之症的病人真象的問題。

雖然醫生對這個問題的看法並不一致，但是一般咸認，由於病人各有其個性，因此應該視個案來決定。病人和家屬對死亡的態度，以及死亡對病人和家屬的影響，是一個嶄新的研究領域。但是由於人們對將死之人懷有抗拒感，加上人們通常不願意去面對自己的死亡，因此某些人很可能會問，我們怎麼樣才能對瀕死病人有更進一步的瞭解？

數年前，四位神學院的學生為了撰寫一篇關於人類在危機中的行為表現的文章，特去求教精神病學家伊莉莎白・庫柏勒－羅斯(Elisabeth Kübler-Ross)博士。他們一致認為，死亡乃是生命中最嚴重的危機。於是當時任職於芝加哥大學醫學院的羅斯博士，決定訪問一些對此事有第一手經驗的人，也就是瀕死病人。她告訴那些神學院的學生，「當我想瞭解什麼是精神分裂症的時候，我在患了精神分裂症的病人身上，花了很多時間。我們何不用同樣的方法去瞭解瀕死病人呢？我們不妨坐下來，請他們當我們的老師。」

但是令羅斯博士極為震驚的是，醫生對這件事情居然非常抗拒。「突然間，醫院裡竟然沒有一位瀕死病人。」無論如何，經過最初的抗拒之後，羅斯博士終於打破了「沈默的障礙」，和同僚一共訪問了五百多位瀕死病人和家屬。她發現，病人不但很樂意，而且甚至有點急於討論他們的恐懼感和想法。許多瀕死病人不但從討論會中，得到相當大的紓解，他們並且非常感激，有人願意傾聽他們的心聲。事實上，只有三個人拒絕在一個有二百多人參加的討論會中發言，這個討論會的會場有一扇只能透視一面的玻璃窗，窗後坐著醫生、護士、神職人員等人，傾聽及觀看這個討論會。

經過數月的討論及訪談後，羅斯博士的結論是，大部分的末期病人，在邁向死亡的過程中，會經歷五個階段的心路歷程。

第一個階段是抗拒，也就是拒絕承認自己病得很嚴重。在這個階段裡，病人通常會去拜訪幾位不同的醫生，以期碰到一位作出不同診斷的醫生，病人並且會要求醫生開不同的藥，作不同的化驗，或者要求再診斷一次。簡言之，病人希望能夠肯定他最初的想法，「這種事情不可能發生在我身上。」

羅斯博士講述了醫院中某位男病患的故事，這位男士不但很有錢，而且地位很顯赫，他的太太因為受不了丈夫的態度，因此去見醫院的心理醫生。於是羅斯博士去訪問了這位男士，「可是我一進門，他就對我說，『我沒說過要見你，對不對？我的毛病只不過是營養失調罷了。』你瞧他說些什麼？一個百萬富翁說他自己營養失調表示什麼？他其實得了白血球過多症，可是營養失調是他可以控制的事情。他不願意接受自己真正的病情，因為他需要感覺到，自己仍能掌握自己的情況。」

然而，某些病人的確需要不斷的抗拒死亡，這些人的抗拒態度不但可以接受，而且值得尊敬。比方說，有一位女士指出，她一生都是鬥士，她要一直不停的奮鬥到最後一刻。

至於那位患了白血球過多症的百萬富翁，院方為他設計了一個治療計畫。與其在特定時間給他作背部按摩，護士會先問他，什麼時候他比較方便作背部按摩。他的太太也遵循這個模式，在去醫院看他之前，先打電話問他，要不要她去看他，如果去的話，要不要帶小孩一起去。這個模式會使病人覺得，他仍能掌握自己的某些情況，這有助於病人瞭解及應付自己的病情。

病人放棄抗拒之後，通常會進入極端氣憤的階段，也就是產生一種，「為什麼這種事情會發生在我身上」的心態。例如，有一位男士非常氣憤，為什麼生病的人是他，不是街上的酒鬼或地痞流氓。在憤怒階段的病人，很可能會痛罵醫生、護士、家人和朋友。病人這種攻擊性的行為雖然令人難以消受，但是卻不難理解。此時，病人正全副武裝的進入攻擊狀態。而他們所反抗的，乃是別人的生命和精力——一些他即將失去的東西。

心理學家建議，和這個階段的病人接觸的人士，不妨多鼓勵病人發洩心中的怨氣。病人覺得想哭、想叫或者口吐怨言，乃是十分正常的事情，一旦病人發洩出心中的悶氣之後，他們會覺得好過得多。

氣過之後，病人會進入瀕死過程的第三個階段，也就是討價還價的階段。這個階段比其它階段微妙，也比其它階段私人化。進入這個階段的病人，會突然之間變得很合作，而他的目的是，希望用自己的好行為，去拖延刑期——多活幾天，或者多活幾個星期。這個階段的病人，通常會像孩子那樣，和上帝交涉，希望上帝允許自己多活些時日，少受點罪。我們通常不易察覺病人進入了這個階段，因為他們大多在夜半的禱告、許願和夢境裡，和上帝討價還價。

某位得了皮膚癌的歌劇家，曾經公開許過一個願，她希望死神慢點來，以便讓她在死前，再唱一齣歌劇。結果她如願以償。

還有一位得了很痛苦的末期癌症，已經在醫院住了很久的女士，希望毫無痛苦地離開醫院一天，去參加她兒子的婚禮。羅斯博士回憶，「於是我們作了一些安排，她離開醫院的時候，看起來真是燦爛美麗。」婚禮之後，她回到醫院，她一見到醫生立刻說，「別忘了，我還有一個兒子。」

這種討價還價的心態，其實並不稀奇。一一〇九年，康特百利(Canterbury)總主教聖・安索姆 (St. Anselm) 臨終的時候，告訴圍繞在床畔的教士：「雖然我滿心歡喜的接受祂的召喚。但是我非常希望祂能夠允許我和你們多相處一些時間，我並且非常希望，祂能夠讓我解開一個疑問——靈魂的來源。」結果他並未如願，可是假使他真的如願以償的話，他很可能會馬上提出另一個願望。

某些證據顯示，討價還價的階段，對病人的身心都有好處。位於史東尼・布魯克市(Stony Brook) 的紐約州立大學 (State University of New York) 教授大衛・菲立普 (David P. Phillips) 博士堅稱，瀕死過程絕對是一種社會行為。這位社會學家在數項研究中發現，瀕死的人通常會等到某個社會活動結束之後才嚥氣，比方說，生日、選舉、宗教節日等。

菲立普研究了《誰是誰》和《四百位美國名人》兩本書上的一千二百多位美國知名人士的死期後發現，很少人在生日前一個月去世，大部分的人都是在生日過後的三個月之內死掉的。菲立普認為，這個現象的可信度很高，因為名人通常更期望過生日。

有很多趣聞逸事證明這個拖延生命的理論。比方說，湯瑪士・傑佛遜(Thomas Jefferson)和約翰・亞當斯(John Adams)都是在七月四號去世的，也就是「獨立宣言」簽署五十年之後。菲立普說，這並非巧合。他引述傑佛遜醫生的話指出，傑佛遜最後的遺言是，「那天晚上七點鐘左右，(傑佛遜) 醒來，看到站在床邊的我，於是他用沙啞、朦朧的聲音說，『噢！醫生，你還在這兒呀！』他接著問我，『四號到了沒有？』我回答，『馬上就到了。』這是我聽到他所說的最後的話。」

菲立普並且發現，從一八七五年到一九一五年，擁有許多猶太居民的布達佩斯市(Budpest)的死亡率，在「贖罪日」的前一個月，往往會驟降。而這個「贖罪日」前死亡率驟降的現象，也曾經發生在一九二一年到一九六五年的紐約市，紐約也是一個擁有許多猶太居民的都市。另外，從一九〇四年到一九六四年，每次大選前的幾個星期，美國的死亡率都會大降。

經過抗拒、氣憤和討價還價的階段後，瀕死的人會變得非常沮喪，這時，他們進入了悲傷準備期。瀕死的人會為自己的遭遇感到悲哀，也會為即將離開心愛的人和事而傷感。由於這個階段的病人，已經在默默的思考死亡，因此他們經常會躲到一邊，暗自飲泣。有些時候，醫護人員或家人會用「別這樣，事情沒那麼糟。」等話，去安慰瀕死病人。

然而羅斯博士卻指出，「問題是，對誰而言事情沒那麼糟？」「快要死的人怎麼快樂得起來呢？難道就因為他們身邊的人，對他們的悲傷感到很不舒服，他們就應該表現得很快樂嗎？」

這個悲傷的階段，對瀕死病人非常重要。進入這個階段的病人，「可能不想看到自己的家人——因為家人可能會提醒他們，他們即將失去的東西。家人也可能會有被病人拒於千里之外的感覺，好像病人不再愛他們了。但是家人必須明白，在瀕死病人祥和而有尊嚴的接受自己的死亡之前，他們通常會先把自己孤立起來。」

經過一番心理準備之後，瀕死病人會進入第五個，也就是最後一個階段——接受事實。一位病人指出，「我覺得這是奇蹟。」她在死前不久表示，「我準備好之後，反而一點也不害怕了。」接受事實的階段，是一個勇敢的階段，這個階段的病人，終於接受了自己即將死亡的事實。勝利感會取代無奈感。病人不會因為即將死亡而放棄一切，在理解死亡是一種解脫之後，病人會開始回憶自己的一生，並且開始和親人告別。

然而，家人切勿在這個最後階段，過度打擾瀕死病人。有一位女士，在丈夫進入接受事實的階段之後，邀請了所有的親戚，到醫院去和她丈夫話別。這位女士希望她先生能夠像以前那樣，扮演一位談笑風生的主人。然而，在她致力維持表面常態之餘，她卻無法意識到，她其實為她丈夫增加了許多負擔，而她丈夫只想靜靜的獨處。

精神病學家同意，瀕死病人並不一定會經歷上述的每一個階段。有些人可能會在這些階段裡，來回打轉，有些人則可能根本不會經歷任何階段。某些虔誠的教徒，甚至早在生病和死亡之前，便已經進入了接受事實的階段。

無論如何，對待瀕死病人最重要的一件事情是，注意每一位病人的需要，包括身體上和情緒上的需要。負責照顧瀕死病人的人，自己必須先作好心理準備，並且盡可能的配合病人的要求，切勿只是自私自利的照著自己的意思行事。

為了使瀕死病人能夠得到更好的照料，也為了使瀕死病人在最後的歲月，能夠過得容易些，因此有人特別為瀕死病人設計了一個安養中心，這個安養中心的英文名稱是Hospice，目前世界上已經有好幾家這種性質的安養中心。hospice 這個字的意思是，「招待旅客住宿的地方，以及收容窮人和病患的地方。」支持成立「病患安養中心」的人認為，醫院的環境對末期病人而言，並不理想。因為醫院的目標和步伐，通常是幫助病人恢復健康，然後盡快的讓病人出院。因此末期病人大多被安置在走廊的盡頭，醫生、護士一般都不太管他們，只有當醫護人員照顧完其它的病人之後，他們才會抽點時間去看看末期病人。

塔弗茲大學(Tufts University)醫學院副教授梅耳文・柯倫特(Melvin Krant)指出，「諷刺的是，對末期病人而言，醫院這個醫療大本營，可謂只是一個充滿了挫折感和矛盾感的中心。一生中幾乎從來沒有接觸過死亡的美國人，把末期病人送到醫院去接受專門治療。問題是，醫院的工作重心以及主要的價值觀，是治療疾病和恢復健康，醫院不太管末期病人的。」

療養院和老人院固然有其特殊功能，可是這些地方通常缺乏懂得如何照顧末期病人，以及如何和末期病人說話的醫務人員、護士及助理。這些地方的例行規定往往很僵硬，以致病人不但感覺不到家的溫馨，甚至還會覺得自己是醫護人員的「累贅」。不幸的是，療養院照顧病人的方式，經常給病人一種於事無補、冷漠和事不關己的感覺。

反觀「病患安養中心」的生活型態，就有彈性多了，住在那裡的病人，可以作自己想作的事情。安養中心讓病人盡可能的參與和他本身有關的決定。病人並且是醫療小組的主要人物，而醫療小組的成員，不但包括醫生、護士和神職人員，同時也包括病人的家屬。

倫敦的聖約瑟病患安養中心（St. Joseph's），是世界上最古老的一所安養中心。這所擁有一百五十個床位的安養中心，是一九〇二年的時候，由「愛爾蘭慈善修道會」裡的一群天主教修女創立的。這個安養中心不問宗教、種族，收容各方人士。雖然服務人員大多是天主教徒，但是絕大部分的病人，卻並非天主教徒。

在聖約瑟病患安養中心內的一百五十位病人當中，有四十至五十位病人是末期病人，或者罹患了惡性疾病的病人，這些人的壽命大多不會超過三個月。這些人是在醫院或醫生的指示下，住進聖約瑟病患安養中心的。大約只有百分之十的病人，活得比預期的時間長久。聖約瑟病患安養中心內的其它病人，則是一些無處可去的病患，以及罹患了會拖很久，但不適合住在一般醫院裡的病人。聖約瑟病患安養中心收容的病人，全部是不可能復原的病人。

今天，病患安養中心運動的前導人物，當推西希里・桑德斯醫生，她曾經在聖約瑟病患安養中心裡，擔任過六年的研究員。桑德斯醫生原來是護士及醫務社會工作人員，後來才成為醫生的。一九六七年的時候，她在倫敦成立了一所規模較小的安養中心——聖克里斯多夫病患安養中心(St. Christopher's Hospice)。聖克里斯多夫病患安養中心的早期計畫，大多是桑德斯醫生在聖約瑟病患安養中心任職的時候規畫完成的。

聖克里斯多夫病患安養中心一共花費了一千五百萬美元，這些經費全部來自私人捐款。桑德斯醫生收到的第一筆捐款，來自一位得了不治之症的年輕病人，他捐給桑德斯醫生五百元英鎊。桑德斯醫生記得這位病人對她說，「你腦中和心中所想的事，亦是我的心願。」數年後，另一位病人也對桑德斯醫生表達了相同的情懷，這位病人告訴桑德斯醫生，「謝謝妳。不僅謝謝妳的藥，也謝謝妳的好心腸。」

桑德斯醫生表示，「我想，這兩位病人的意思是，他們除了需要醫術之外，也需要同情。

他們需要溫馨和友情，也需要良好的醫療技術。」

桑德斯醫生並且指出，病患安養中心「沒有診斷的挑戰，也不必煩惱應該選擇那一種治療方法。其它的地方需要為這些事情操心；可是對我們這裡的病人來說，這個階段已經過去了。」

「我們仍然希望病人能夠康復，但是我們比較傾向於，把病人當成承受著很多痛苦的人，而我們的主要目標是，解除病人的痛苦。」

雖然聖克里斯多夫病患安養中心的病人，大多是患了末期癌症的病人，但是它和以前那些專門收容得了不治之症病人的機構，卻很不一樣。從照片和素描裡看起來，在玩牌以及坐在花園裡的病人，似乎很安詳、舒適。去造訪過該安養中心的人也指出，病人面帶笑容，而且看起來很輕鬆。聖克里斯多夫病患安養中心的院子裡，還有一個供員工子女遊玩的兒童遊樂場。當父母在工作的時候，有專人照顧這些小孩，中午的時候，孩子會到餐廳和父母一起用餐。兒童遊樂場裡的嬉笑聲，可以為院裡的病人帶來歡笑，也可以轉移他們的注意力，而且病人經常會和孩子們一起嬉戲。聖克里斯多夫病患安養中心刻意營造了一個，可以讓病人感受到愛和諒解的環境。

桑德斯醫生在文中指出，「我認為，在談到瀕死病人的時候，我們必須聲明，對病人來說，這並不代表認命或者投降，對醫生來說，這也不代表失敗或者怠忽職守；對這兩方面的人來說，接受即將死亡的事實，絕不代表什麼都不作，只是坐著等死。」

病患安養中心的另一個重要觀念是家庭看護計畫，這個計畫可以讓安養中心的未來病人，先認識一下所裡的員工，並且在員工的介紹下，先瞭解一下所裡的設施。聖克里斯多夫病患安養中心的職員和病人，視彼此為「親人」。病患安養中心雖然是病人撒手人寰的地方，但是這裡可以為時日無多的病人，提供家人無法提供的必要照顧。雖然如此，家屬仍然可以在病患安養中心裡，扮演很重要的角色。比方說，家人可以隨時探望病人，院方鼓勵年輕人造訪病人，病房的空間也足夠容納一家人，而非只是一、兩個人。

一位在家人的陪伴下，留在安養中心過聖誕節的病人表示，「留在這裡我覺得很舒服，在這非常時刻，我覺得很平靜；我從來沒有經歷過這種感受……。我本來準備回家過聖誕節的，但是我身體太虛弱了，沒辦法回家。我很高興留在這裡……。」

這位女士接著表示，「我無法解釋為什麼這裡讓我感覺那麼不一樣，我也無法解釋為什麼我心裡那麼平靜。我原來待的那家醫院，一共有二十八位像我這樣的病人，可是眼看那麼多人死掉，真讓我覺得難過和沮喪。我回到家後，仍忘不掉移動死人的車輪聲。」

聖克里斯多夫病患安養中心對待瀕死病人的方式，很安靜，很平和，即將謝世的病人，不會被推離可以容納四至六人的病房，他們可以一直待在那裡，直到去世。

「病患安養中心公司」副總裁福羅倫斯・沃德(Florence S. Wald)表示，「我們希望死亡的過程，能夠更符合人道、更有意義。」「病患安養中心公司」是由康奈狄克州(Connecticut)新天堂市(New Haven)一群神職人員、醫務人員以及社會人士共同組成的，他們希望能夠募捐到三百萬美元，作為成立美國第一座病患安養中心的基金。他們的首期目標是，七十個床位以及可以容納七十位門診病人的門診室。

「病患安養中心公司」總裁暨耶魯新天堂醫院神職人員主任愛德華・竇比河(Edward Dobihal)牧師指出，病患安養中心的費用，大約相當於普通醫院的百分之六十九。

新天堂病患安養中心的原則之一是，不用任何「非常方式」——包括抗生素、放射線、人工呼吸器以及心臟按摩——去延長瀕死病人的生命，這也是英國是類機構所秉持的原則。病患安養中心最主要的醫療方法是，給病人服用止痛藥。讓病人服用止痛藥的好處是，既可以止痛，又可以使病人保持清醒。其實病人並不喜歡被麻醉，如果他們可以在完全無痛以及些許不舒服之間作選擇的話，他們多半會選擇承受一點不舒服，但是保持清醒。桑德斯醫生表示，「我們的目標是，解脫病人的痛苦，同時讓病人盡可能的享受友情、食物，以及所有的活動。」

醫生以及相關人士目前正在認真討論，是否該讓瀕死病人服用麻醉劑等藥物。讓病人服用麻醉劑的目的，並不是為了讓病人昏睡，而是為了替那些只賸下幾個星期或幾天生命，但卻承受著極大肉體痛苦的病人，紓解一些痛苦。多年來，醫生一直用嗎啡因去解除非常嚴重的肉體痛苦，可是桑德斯等英國病患安養中心的醫生卻發現，對末期癌症病患而言，海洛因是效果最好的麻醉劑，但是美國卻規定，在任何情況下服用海洛因都屬非法行為，英國並無此規定。

任職於聖克里斯多夫病患安養中心的特懷克羅斯(R. G. Twycross)博士解釋，該安養中心給病人服用麻醉劑的方法是，把海洛因、酒精、古柯鹼以及鎮定劑摻在糖水裡，讓病人服下。至於藥量，則以能夠替病人止痛到下一次服藥時間為準。醫護人員不會等病人感覺痛苦，要求服藥時，才給病人服藥，而是給他們定時服藥，以預防痛苦。醫生發現，這麼作病人反而不會對麻醉劑上癮。特懷克羅斯醫生表示，「當病人不需要渴求解除痛苦的時候，他們也比較不會養成渴求藥物的習慣。」海洛因可以幫助末期病人止吐、重振食慾、改善情緒，也可以使他們在生命中最後的時日裡，變得比較合作。

為了幫助末期病人過得舒服些，醫生開始搜尋既可以減輕痛楚，又不會影響——可能的話，甚至會加強——病人精神狀態的方法。某些醫生用催眠法止痛，另外，最近有兩位科學家想用針灸為末期病人止痛。

哥倫比亞大學(Columbia University)的奧斯汀・卡斯雀耳(Austin Kutscher)博士以及萊斯特・馬克(Lester Mark)博士報告，「顯而易見，針灸可以成功的止痛，因此用針灸為末期病人止痛，似乎是一件很合乎邏輯的事情。如果針灸可以使病人喪失痛覺，藥物只能使病人不省人事的話，那麼這其中的意義對末期病人來說，可謂非常明顯。」

其它的科學家也竭盡所能的搜尋，可以為末期病人紓解痛苦的特效藥。一群巴爾地摩(Baltimore)市的醫生，在史丹尼斯拉夫・葛洛夫(Stanislav Grof)博士的領導下，正在研究迷幻藥對末期癌症病人的精神及生理影響。這項在馬利蘭精神病研究中心進行的研究工作，雖然尚在早期階段，但是參與研究的醫生已經發現，迷幻藥——一種叫作ＬＳＤ，以及另一種叫作ＤＰＴ的類似藥物——對末期病人非常有幫助。以下的病例可以簡短說明，馬利蘭精神病研究中心如何使用ＬＳＤ，去治療一位患了末期癌症的病人。

五十八歲的戴維斯太太（假名），羅患乳癌已經十二年了。雖然她動過幾次手術，也作過一些治療，但是癌細胞還是擴散到她的脊椎去了。當這位女士接受醫生指示，準備進行ＬＳＤ治療的時候，她的下半身因為脊椎神經所承受的壓力過大，早已麻木、癱瘓了。她在接受第一次面試的時候，顯得非常焦急、沮喪。

在正式治療之前，病人和病人家屬接受了一個星期的心理輔導，以便進一步瞭解LSD治療法的性質和目的。在正式治療的前一天，院方在戴維斯太太的病房裡，放了一束鮮花以及一臺手提音響。

正式治療那天，醫生給病人服下LSD。病房裡的手提音響輕奏著古典音樂，以協助病人鬆弛情緒和表達情感。醫生和護士一直守在病人旁邊（他們對其它接受類似治療的病人也是如此）。最初幾個小時，病人一直很好，戴維斯太太有一度還表示，「這是我一生中最快樂的日子。我會永遠記得它的。」病人後來出現了短暫的憂慮、迷惑和妄想現象，但是在醫護人員的安撫和支持下，這個現象很快就消失了。

在治療的過程中，醫護人員曾經和戴維斯太太討論過，她並不一定還能走路的現實問題。戴維斯太太很不願意接受，她可能得躺在床上渡過餘生的念頭。但是醫生指出，「雖然如此，病人很自然的表示，儘管情況並不樂觀，但是她決心努力作好物理治療。醫護人員支持她的決定，但是仍和她討論，如果情況無法好轉，她是否能夠接受事實的問題。」稍後，當戴維斯太太從「幻境」中出來之後，她的家人探望了她。和戴維斯太太親近以及分享了她的經驗之後，她的家人表示，她的精神狀態有所改善，她「從一位焦慮、沮喪的人，變成一位平和、快樂的人。」

戴維斯太太接受ＬＳＤ治療六天後，非常愉快而且充滿希望的出院回家，一位物理治療師定期到她家去協助她復健，她的進展出人意外的好。六個月後，她已經可以扶著枴杖走一點路了。戴維斯太太的情況雖然進步很多，但是她仍然認為自己是一個沒有用的人，這使得她變得愈來愈難相處。而她下床活動時，必須穿上令她感到很不舒服的背部矯正器，也使她感到非常沮喪。於是，戴維斯太太和她的家人，要求院方再執行一次ＬＳＤ治療。

在戴維斯太太第一次接受ＬＳＤ治療十個月之後，她又住進了醫院，準備接受第二次ＬＳＤ治療，住院前，她照舊接受了一段時間的心理輔導。在第二次ＬＳＤ治療過程中，

「她憶起了她所認識的癌症病人，而她對自身肉體正在逐漸衰敗的恐懼感，則幻化成禿鷹啄食腐肉的幻影。在面對而非迴避這個不愉快的經驗和感覺之後，病人接著穿越了一重重藍色的布幔。在布幔的另一端，她覺得自己是一隻住在小木屋裡的小鳥，屋外正下著雪。她心中感到非常平靜、祥和，她並且看到了像彩虹般美麗的色彩。至此，她的經驗開始穩定下來，她愉快的沈浸在對往事的回憶中。」

事後，當戴維斯太太見到來訪的家人時，她臉上洋溢著寧靜的微笑，但卻不願詳述她的

經驗。她告訴他們，「就算我告訴你們，你們也不會相信的。」

這一次，戴維斯太太也非常愉快的出院回家，而她參加女兒婚禮的時候，不但沒有扶著枴杖穿越教堂走道，她甚至在接待酒會上，和自己的丈夫翩翩起舞，親友們見到這般情景，莫不嘖嘖稱奇。「她姊姊說，她是酒會的靈魂人物。」

可是不到六個月的時間，戴維斯太太便要求進行第三次ＬＳＤ治療。因為她的肉體痛苦加劇了。雖然她對自己已經離職二年，感到有點灰心，但是她一直很希望，有一天能夠回去工作。

「這一次的治療過程，開始的時候很順利，可是當病人看到一面巨型火牆的時候，她嚇壞了。但是在治療人員的安慰和鼓勵下，病人勇敢的穿過火牆。穿越火牆使病人產生一種自我超越的感覺。她覺得自己離開了肉體，進入了另一個世界，她看見一團巨大的鑽石形虹光，她認為那是上帝。她並沒有看見上帝的肉身形象，但是她知道祂就在那裡。除了敬畏感和尊敬感之外，她心中也充滿了自由感與和平感。由於她離開了自己的身體，因此她感覺不到肉體痛苦。治療結束後，病人一整天都很安靜，這一次的治療，使她產生了一種很深刻的祥和與幸福感。當她的家人來探望她的時候，她散發出一種幻覺過後的平靜、美麗光采。」

那天晚上，戴維斯太太和女兒討論了將來可能發生的狀況。不久，她再度抱著愉快的心情出院回家。這一次的ＬＳＤ治療法，對戴維斯太太有一個非常顯著的療效，那就是，每當她覺得痛的時候，她便開始回憶ＬＳＤ治療過程中，她飄離自己肉體的經驗，以藉此把肉體上的痛感逼出腦外。

出院一個月以來，戴維斯太太的進展一直很好，可是有一天，她不小心從樓梯上滑下來，摔傷了背。不久，她又染上了感冒，那以後，她便一直臥病在床。健康的日漸衰退，以及肉體的劇烈痛苦，使得戴維斯太太感到非常沮喪。於是她要求進行第四次ＬＳＤ治療，因此在第三次ＬＳＤ治療大約六個月之後，戴維斯太太又住進了醫院。

在這一期治療過程的最後準備階段，戴維斯太太單刀直入的詢問了自己的病況。這是戴維斯太太首度在為期兩年的ＬＳＤ治療計畫裡，提出這個問題。當戴維斯太太的乳房，隨著腫瘤被切除後，她一直以為她身上的癌細胞已經被清除了，可是背部日益轉劇的痛苦，使她開始心生懷疑。

「我用非常溫和的態度回答了這個問題，我並沒有逃避，但是我和病人討論了這件事情的意義，以及她對這件事情的情緒反應。事後，我立刻通知了病人的家屬，但是當病人家屬知道我和病人討論過這件事情之後，他們感到非常生氣和沮喪。然而，那天傍晚，在病人、家屬以及臨床醫療人員的綜合座談會上，大部分人的心結都解開了。有些人對以往的矯飾感到很不安；大部分的人指出，看到病人對真實病情的反應後，他們感覺鬆了一口氣。病人表示，她很高興自己終於知道了真象；病人的心情顯然並未像她家人所擔心的那樣，變得更沈悶或者更沮喪。」

第二天，LSD治療過程進行得十分順利。當天傍晚，病人覺得和自己的家人非常親近，她並且單獨和每位家人談了一會兒話。那天晚上，雖然戴維斯太太感到非常疲倦，但是她很不願意離開她的家人。第二天，知道自己真實病況的戴維斯太太，對未來一點也不悲觀。「在鎮靜劑的幫助下，她的背痛雖未完全解除，但卻可以忍受。」

幾天後，戴維斯太太因癌細胞切除手術後流血過多，而去世了。

葛若夫(Grof)醫生和他的同僚明確指出，並不是所有接受迷幻藥治療的末期病人，都具有令人鼓舞的效果。但是某些病人的情緒，可以因此紓解一段時間的事實，毫無疑問將會引導出更多這方面的研究。

然而，涉及這種治療方法的醫生一再警告，藥物治療從不是，也永遠不會成為解決末期病人所有問題的方法。醫生經常下藥過重，或者開些對病人沒有太大用處的藥。止痛藥已經成為醫生的倚仗，而不是他們給予病人的仁慈幫助。一般咸認，醫生所開的藥量，可以顯示出他是否支持這種作法。

至於究竟海洛因以及其它鎮靜劑和迷幻藥，如何為末期病人止痛，則至今尚不清楚。兩種化學治療方法都使用的醫生認為，第一，一定具有某種程度的心理作用，第二，精神支持是治療過程中一個非常重要的因素。事實上，它很可能是最重要的一個因素。許多醫生深信，單用這種藥物去治療病人並不妥當，因為安撫末期病人最好的方法是，「握著他們的手」，熱心的照顧他們，以及坦誠的和他們談話。然而，「死亡研究」運動的先導奧斯汀・卡斯雀耳博士卻表示，「可惜握病人的手的人不夠。由於缺乏懂得如何幫助瀕死病人安心步向死亡的專業人員，ＬＳＤ以及海洛因治療法，很可能會在進一步的研究結果出來後，一躍成為最令人滿意的取代方法。」

第五章　醫生與死亡

「醫生啊！此刻我心中揚起的絕望感，正在攀越死神粗糙的臉龐。」

——約翰・鋼捨(John Gunther)，《別讓死神太得意》

大部分的醫生在提到死亡的時候，都喜歡引用下列這句描述生死只有一線之隔的雋語：

「這一刻還活著，下一刻卻死了。」

醫生明白，人除了肉體之外，還有一些別的東西。這一刻，醫生還在和一位活生生、有理性、有復原希望的病人講話。他的身體還很溫熱，他仍然在呼吸，他的心臟也還在跳動。可是下一刻，這位活生生、仍然在思考的病人，卻只賸下一堆有機體。有些看不見的東西離開了這具有機體，而所有看得見的東西，仍在那裡。對人體組織非常熟悉的醫生們，對這句描述生死一線間的雋語，並不十分理解，也無法解釋為什麼會這樣。有一位醫生表示，他在一所市立醫院急診室當實習醫生的時候，碰到過二件很不尋常的個案。有一回，一位男士被送到急診室急救。這位男士的太太發現他有外遇之後，因嫉生恨，拿起手槍朝他胸部猛射，結果這位男士的前胸，一共中了六發子彈。可是這位男士的運氣奇佳，每一粒子彈居然都打中了他的肋骨，然後彈回來，在皮膚下面亂穿一陣後停住。因此他只受了一點皮肉之傷，醫生很輕易地就取出了所有的彈頭。沒多久，這位男士便活蹦亂跳的出了院，而且沒有任何後遺症。醫生說，「只要有一顆子彈穿胸而過，他都很可能會死掉。」

隔了一個星期，這位醫生又到急診室當班，這回，一位醫院裡的護士，抱著她的孩子來急診。這個孩子被送到急診室的時候，已經死了。事情是這樣發生的，這個小孩在搆廚房桌上東西的時候，打翻了一隻杯子和一個茶盤。結果杯子上的一小塊碎片落下來，打在他的脖子上，切斷了他的頸靜脈。

雖然已經事隔二十五年了，這位醫生仍然搖著頭感慨的說，「就是那麼一小塊碎片，一塊還不到四分之一英寸長的碎片，因為落在準確的地方，居然就要了那孩子的命。而一個中了六槍的男人，卻安然無恙地出了院。這個傷口若是在那孩子身上任何地方，都只需要貼上一塊繃帶就沒事了，可是這個傷口偏偏在他的頸靜脈上，因此要了他的命。真是生死一線間啊！」

這種故事對大部分的醫生來說，並不陌生，而且不論事情多麼悲慘，多麼令人心碎，醫生都得盡量保持冷靜。威廉・奧斯勒(William Osler)爵士曾經指出，醫生必須保持「冷靜和理智。……在危急的時候，仍必須清楚的判斷事情。……身為醫生而不具備這些特質，實乃是一大悲哀，醫生只要顯露出優柔寡斷和憂心忡忡的樣子，或者看起來慌張、混亂的話……，他立刻會失去病人對他的信心。」

打從一開始，醫學院便刻意訓練學生這方面的能力。許多醫學院的學生適應了這個嚴格的訓練，但是也有一些學生發現自己沒辦法應付某些醫生必須肩負的責任，因此決定轉系。

醫學院一年級的新生，第一次接觸死人的經驗是解剖課裡的屍體。而解剖課裡的解剖過程，其實非常機械化。在老師和學生眼裡，被解剖的屍體並不是一個「人」；他的名字和生平均不詳。屍體、學生、死和生之間的任何關係，在這裡都不重要。這裡的人甚至很難想像，這具屍體曾經活過。對醫學院的學生而言，被解剖的屍體只是一具機械，不是一個人。和水電工人一樣，醫學院的學生也必須藉著屍體，去熟知所有的線路、管子和接頭，才能明白如何醫治活人。

二年級的時候，醫學院的每一位學生，都必須參與驗屍過程，在他們的醫學生涯裡，這是他們第一次把屍體和活人聯想在一起。學生會先檢視這位死人生前的病歷表，而這位人士很可能是幾個鐘頭前才去世的。然後學生會和這位人士的主治大夫談話，主治大夫會告訴學生這位人士的死因。這些經驗很可能會令某些學生感到很難受，一位醫生便指出，醫學院二年級的時候，他第一次碰到的驗屍對象，居然是一位年僅兩歲的小孩子。

「看著這位已經死掉的兩歲小孩，並且為他驗屍，實在是我這一生中所經歷的最毛骨悚然的事情之一。回家後，我癱瘓了好幾天，什麼事都不能作，那裡也沒去。然後我和一位年長的朋友作了一番長談。他告訴我，這是我必須容忍的事情，我領悟了這個道理後，心裡終於平靜下來，我決定繼續留在醫學院。可是那個時候我發誓，決不作小兒科醫生。我記得我當時的想法是，我可以忍受看到成年人死掉，但是我無法忍受看到小孩子死掉。」

當醫學院的學生完成頭四年正式醫科教育後，他必須決定他將來要成為那一科的醫生。今天，百分之八十的醫學院畢業生，選擇成為專科醫生。一般而言，醫學院學生所選擇的專業，會直接影響他日後的死亡經驗，而對未來醫生而言，這乃是選擇專業的一個重要考量。比方說，病理學家很少檢驗活人，他們大部分時間得待在實驗室和停屍間裡；神經外科醫生則需要經常接觸瀕死病人，而且他們的病人大都是受了嚴重外傷的年輕人。小兒科、內科、婦產科等提供初步診斷的專業領域，比較不常碰到死亡，但是每當這些專科醫生碰到致死的病例時，通常感受會特別強烈。

至於皮膚科、眼科和內分泌科的醫生，則很可能一輩子都不會碰到病人死亡的問題，反之，外科醫生則必須時時面對這種壓力。就連割盲腸這個最簡單的外科手術，都有百分之零點五的死亡率。查理士・梅幽(Charles Mayo)醫生表示，「對外科醫生而言，運氣很重要，不久前，我最高記錄是連續動一百零三次手術，沒有一位病人在手術中或手術後死亡。可是接著在一個星期之內，我一連死了三位病人。」一般而言，外科醫生和病人的關係，不如初步診斷醫生和病人的關係那麼親近。

然而，仍然有許多外科醫生，對自己病人的死亡，感到非常困擾。例如，湯瑪士・湯普森(Thomas Thompson)曾經在《心靈》一書中指出，邁可・狄貝基(Michael DeBakey)醫生把病人的死亡，視為一件「難以容忍的事情，這幾乎等於是公然羞辱他的醫術和他的存在。他的病人極少死在手術臺上，可是每當這種事情發生的時候，他會取消那天所有的預定計劃，大步走回辦公室，用力關上門，鎖住門，然後一個人待在裡面好幾個鐘頭。」

精神科醫生雖然很少接觸病人死亡的問題，但是他們得面對有自殺傾向的病人。

當醫學院的學生完成醫學院的課程，開始當實習醫生之後，他們對死亡的迷思，可能已經淡化了許多。雖然如此，大部分的醫生表示，他們對病人的死亡，從來無法完全釋懷。

一位婦產科醫生回憶，他在當資深實習醫生的時候，有一回為一位女士接生了一個死嬰。「這個嬰兒在出生前一天或兩天——甚至一小時前，顯然還活著，可是臍帶纏在他的脖子上，他生下來的時候已經死了。我簡直難過極了，我還得進去告訴那位女士，事情是怎麼發生的。結果她反過來安慰我。這位剛生下一個死嬰的媽媽，反過頭來安慰我這個醫生。我在和她解釋嬰兒是怎麼死掉的時候，她安慰我說，這種事的確會發生。她已經有好幾個小孩子了，她面對生命真實面的態度，比我強多了。」

從以上這些不同的態度和經驗，我們不難理解，為什麼不同的醫生，會用不同的方式對待瀕死病人。然而，醫生究竟應該用很率直，還是很曖昧的態度，和病人討論病情呢？大部分的醫生認為，不論用什麼方式和病人討論病情，醫生絕對不應該告訴快要死掉的病人，他只賸下六個星期，六個月，或者任何一段時間的生命。原因是，第一，病人聽到這個診斷後，很可能會放棄和病魔繼續奮戰，有些病人甚至可能會自殺。第二，當然，醫生根本無從知道，病人還能活多久，而且任何一種疾病，都有可能自動轉危為安。第三，新的治療法隨時可能出現。

基於這些理由，雖然愈來愈多接觸過瀕死病人的人，反對「緘默」原則，但是許多醫生仍然堅持不告訴病人真象。統計資料顯示，百分之六十九到百分之九十的醫生——視調查資料而定——贊成不要告訴絕症病人實情。然而，諷刺的是，百分之七十七到百分之八十九的病人——仍然視調查資料而定——希望知道真象。一般咸認，在這種情況下，左右瀕死病人治療方式的，乃是健康醫生的焦慮感，而不是瀕死病人的意願。假如隨便詢問一位醫生，如果他不幸得了絕症的話，他希不希望知道真象，他很可能會回答，「希望。」然而，同樣這位醫生卻往往不願意坦白告訴病人或病人家屬實情。

罹患絕症的病人，到底希不希望別人告訴他們真象？他們很可能從來沒有和家人討論過這個重要的問題。而一旦病發後，他們很可能已經沒辦法回答這個問題了。因此，假如病人曾經表示過希望知道真象的話，應該照會一下醫生，這樣的話，當不幸的事情真的發生的時候，病人可能比較容易適應情況。

英國人類學家傑佛律・勾耳(Geoffrey Gorer)曾經在一份研究瀕死和哀悼行為的報告裡指出，他所調查的十九位癌症病人，全部不知道自己的真實病情。而這些人的遺族，對這種狀況表示非常遺憾和悲痛，他指出，這種欺瞞的狀況，甚至使得原本美好的婚姻關係，蒙上「無情和欺騙」的陰影。另一方面，英國精神病學家約翰・辛滕(John Hinton)也曾經針對一百多位瀕死病人作過一個調查，而調查結果顯示，這些瀕死病人雖然未被告知實情，但是大部分的病人其實心裡明白，自己將不久於人世。

這些調查研究所顯示的結果，既令人迷惑又令人害怕，因為這些結果表示，為了保護病人而刻意隱瞞的事實，正是病人時時刻刻都在面對的事實，而且是孤孤單單的一個人在面對這個事實。我並不是在魯莽的建議，應該制定某種制度，去通知病人這種事情，我的意思是，證據顯示，有必要重新考量，那些因素真的有助於舒解瀕死病人的恐懼感、隔閡感和孤獨感。

精神病學家赫門・費佛(Herman Feifel)在尋找病人進行瀕死行為研究的時候，曾經碰到一塊很大的絆腳石，而這個絆腳石不是來自病人，而是來自醫生。醫生們問費佛，「和病危或瀕死的人討論死亡，豈不是一件很殘酷、很悲慘，而且很傷害人的事情嗎？」

剛開始的時候，費佛只能訪問和測驗少數幾位瀕死病人，但是在費佛訪問過這些病人之後，他所遇到的障礙，也隨之化解了。費佛回憶，「不但沒有發生彆扭事，而且還有一個始料未及的優良副產品，探討病人對死亡所抱持的心態，對某些病人而言，似乎具有心理治療效果。」

最後，費佛的研究工作終於得以順利展開，而費佛發現，在他所研究的六十位瀕死病人裡，有百分之八十二的病人表示希望知道真象，以便處理一些私事。幾種比較具有代表性的說法是，「打理一些私事。」「把財務和家務安排一下。」也有人直接了當的說，「命是我的，我有權知道真象。」或者「如果我知道自己真正的病情，我會比較注意治療方法。」以及「我會有時間按照自己的理想過日子，也會有時間學習死亡。」

愛默里大學(Emory University)醫學院外科助理教授貝提・潘柏頓(L. Beaty Pemberton)醫生指出，每當醫生診斷出病人患了不治之症的時候，都得面對道德上的兩難處境，因為醫生是作決定的人，也必須對自己的決定負責任。潘柏頓醫生堅稱，基於以下四個理由，病人有權知道真象。第一，應該將病人視為有靈性的個體；如果沒有知識、責任和自由的話，個體很難掌握他四周的狀況。第二，雖然病人把自己的健康交託給醫生，但是病人的健康狀況，畢竟是他自己的事情，因此病人有權知道真象。第三，由於醫生和病人的關係，乃是建立在相互的尊敬和信賴上，因此病人有權知道真象。潘柏頓醫生指出，如果醫生對病人不誠實的話，「病人除了會產生極大的焦躁感之外，還會對未知數和真象產生恐懼感。」第四，只有病人清楚，如果自己將不久於人世的話，他必須卸下那些責任和義務，因此病人有權知道真象。

根據《慢性疾病的處理》這份醫學報紙所作的調查顯示，醫生通知病人得了不治之症的方式，不盡相同。一位芝加哥醫生表示，「我盡可能在最短的時間內，通知病人診斷結果，但是年紀很大以及精神異常的病人除外。這種作法可以讓病人覺得比較輕鬆，也有助於病人和家屬，以及病人和醫護人員之間的關係。」另一位醫生則表示，「要不要告訴病人，端視病人想不想知道，以及病人家屬的意願而定，而每位病人的情況都不太一樣。通常，醫生和病人其實心裡有數，只不過大家都不明講罷了。」

大部分的醫生認為，一旦病人作好心理準備之後，他們自然會提出一些問題。當他們把問題和答案消化一陣子之後，會再和醫生討論一些更深入的問題。可是也有一些病人家屬，不希望病人知道真象。碰到這種情況的時候，醫生應該站在雙方的立場衡量一下，自己作判斷，而不該只是一味的尊重家屬的意見。

當然，真象通常很殘忍、很冷酷，也很無情。但是另一方面，真象也可以很溫和、很慈悲，而且充滿了希望。醫生和病人討論病情的時候，必須按照病人的需要和個性行事。此外，醫生必須讓病人主導討論。

許多醫生指出，他們不告訴病人真象的原因是，他們擔心實情會對病人的社交生活和心理造成不良影響。雖然如此，大部分的醫生相信，假如病人真的想知道實情的話，不用坦白告訴他，他也會知道的。某些醫生甚至會刻意設計一些談話內容，以便在談話中，間接告訴病人實情。總之，病人是否「明白」自己的狀況，不但對病人和病人家屬有其大的影響，而且還會影響醫生和護士對他的照顧方式。

讓病人「明白」自己狀況的理論，是由舊金山市社會學家巴尼・葛雷舍(Barney G. Glaser)

和安松・史特勞斯(Anselm L. Strauss)提出來的，十年前，這個理論曾經引起相當廣泛的注意。葛雷舍和史特勞斯認為，瀕死病人、病人家屬和相關醫護人員的認知型態，大約可以分為四種類型。這四種類型是，封閉式的認知型態、懷疑式的認知型態、互相虛偽式的認知型態以及開放式的認知型態。

所謂封閉式的認知型態是指，病人不知道自己快死了，但是病人的家屬和醫護人員卻知道真象。這種狀況目前非常普遍，現代醫院的一貫作風是，不讓病人和病人家屬看病人的診斷資料（比方說，圖表或記錄）。醫院的員工雖然避免在言談舉止間洩露真象，但是瀕死病人總是可以從他們身上找到蛛絲馬跡。比方說，護士會減少和病人相處及談話的時間，甚至會要求調到其它病房去。醫生或者躲到會議室去會商病人的病情，以免病人聽到或看到他們的討論，或者會在病人面前，用病人根本聽不懂的醫學術語，討論病人的病情。而病人的家屬也會刻意隱瞞病人將不久於人世的「秘密」。和某些亞洲國家的狀況比起來，美國社會這種作法顯得很有趣，在某些亞洲國家，病人的親屬會在病人去世前幾天，陸陸續續的聚集在病人床前，安慰和鼓勵病人，並且為病人送終，病人只要看到這種情形，便明白自己快死了。

具有封閉式認知型態的病人，對自己的死亡往往三緘其口。不論他究竟知不知道真象，這種類型的病人或是不願意接受這個事實，或是已經失去了接受事實的能力。的確，對一個生活充實又具有智慧的人而言，這件事情實在很難接受。

有些時候，封閉式的認知型態會和懷疑式的認知型態重疊在一起，從而造成病人和醫護人員之間的拉鋸戰。病人可能會不斷的試探醫護人員，而醫護人員則會一味的採取守勢。具有這種認知型態的病人，並不確定自己是不是真的快要死掉了，他只不過是有點懷疑罷了。這種狀況會使得病人失去對醫生、護士的信任感，並且引發一些很嚴重的問題。

懷疑式的認知型態對病人的不良影響，實不難想像。病人很可能會帶著疑問離開人間；也很可能會因為不確定自己是否即將死亡，而未能及時立下遺囑或交代後事，以致讓遺族抱憾終生。此外，病人的精神狀態也很可能會因此變得很焦躁，以致情緒起伏不定。

另一方面，某些沒有罹患不治之症的病人，卻可能會疑神疑鬼的認為自己得了絕症。假如那些病人的治療程序比較特殊，或者比較危險的話，他們的疑心病會更加嚴重。要說服這些病人他們會復原，並不容易，因為這些病人曾經親眼目睹醫生和護士，刻意對真正的絕症病人隱瞞實情。

互相虛偽式的認知型態是指，病人、病人家屬以及醫護人員都知道病人快死了，但是大家都裝作沒那回事。這個遊戲看起來似乎很荒唐，而且病人、病人家屬和醫護人員之間的關係，很可能會因此變得不太親密，但是某些人認為，這種型態可以使病人保有一些尊嚴和隱私。

一位絕症病人表示，由於她的先生和家人，一味假裝她還會復原，因此她覺得非常孤獨，那種感覺就好像被裹在一團棉花裡一樣。然而，如果互相虛偽的遊戲是病人先發動的話，病人的家屬和醫護人員，可能會因此而鬆一口氣。但是葛雷舍和史特勞斯表示，「對近親而言，彼此坦誠相對有許多好處。」

「坦誠相對」是一種開放式的認知型態，也就是說，所有相關的人都知道病人將不久於人世，而且在言談舉止間，坦然面對這件事情。開放式的認知型態使得病人可以按照自己的意願和理想，妥妥當當的離開人世。因為這種認知型態使得病人有機會完成一些重要事宜、和親友一一話別，以及按照自己的意思處理好生前的產業等等。葛雷舍和史特勞斯認為，具有這種認知型態的病人，也比較容易獲得醫護人員的合作。

開放式認知型態的另一個好處是，病人和醫護人員之間，可以建立起比較親切的關係。許多護士表示，為瀕死病人服務，讓他們有一種非常深刻的滿足感。這些護士指出，他們往往會在病人死前，和病人作一番長談，或者聆聽病人敘述自己的生平。毫無疑問，這些善體人意的談話內容，也一定讓病人感到非常舒服。

開放式認知型態除了可以緩和病人的困擾外，還可以減輕病人家屬的緊張感和保密壓力，而這種緊張感和保密壓力，在它種認知型態裡，幾乎無法避免。唯有彼此坦誠相對，病人的親屬才可以大大方方的和病人分享他生命中最後的思想和時刻，而這對雙方都有好處。然而，值得注意的是，有些人就是沒辦法和即將去世的親友談話。

瀕死病人對自己病情的認知型態，有時候會從一種型態跳到另一種型態，有時候會結合一種以上的型態。比方說，病人可能願意和醫生、護士討論自己的真實病情，但是卻不願意告訴妻子和兒女，自己將不久於人世。另外，某些病人雖然明知家人知道實情，但是為了避免使家人難過，因此故意迴避這個話題。

另外，基於下列這個重要因素，瀕死病人應該和醫生討論自己的病情。許多人認為，某些人之所以立志行醫，乃是因為他們對死亡具有一股強烈的恐懼感。精神病學家C・W・渥爾(Wahl)指出，某些人選擇行醫的原因是，「他們認為醫學是一股對抗死亡的力量，這是一種消除心中恐懼感的反應模式，也就是說，親自去從事那件以前令他們感到害怕的事情。某些時候，這也代表一種和侵略者為伍的心態，一種希望自己屬於贏的那一隊的心態。」

提出「某些醫生之所以選擇行醫，乃是為了控制及壓抑他們心中對死亡的強烈恐懼感」這個理論的人，是賽門・費佛醫生，他曾經針對四十位醫生作過一項調查，而調查結果顯示，和另外兩組人員比較起來——一組是病人，另一組是專業人士——醫生雖然比較不常思考死亡的問題，但是醫生比這兩組人員更畏懼死亡。費佛並曾針對八十一位醫生，九十五位健康常人，以及九十二位病人——其中五十二位是身染重病，知道自己可能會死掉的人，四十位是身染絕症，即將去世的病人——作過另一項調查，而這項調查結果亦顯示……，醫生「比病人和健康常人，懼怕死亡甚多。」而醫生所引述的最主要的一項懼怕理由是，他們在五歲以前，曾經發生過意外事故、生過病、或者受過死亡的威脅，而病人組和健康常人組的這類經驗，則多半發生在六至十二歲之間。和另外兩組人員比較起來，醫生對死後生命的看法，也比較不具宗教色彩，他們多半從唯物主義的角度去看死亡，也就是說，他們認為死亡是生命過程的結束，人的生命不會在死後，在其它時空裡繼續存在。對於「假如你只賸下六個月生命的話，你準備如何過日子？」的問題，大部分的醫生回答，「一切照常。」

某些醫生由於非常畏懼死亡，因此產生一種和死神一決勝負的強烈慾望，是很可能的事情。事實上，醫科訓練甚至刻意凸顯這種心態。醫生是一個權威性的角色，他們受到的訓練是，掌握生命，竭盡所能的打敗死神。他們所面對的挑戰以及所得到的滿足感，絕大部分來自於他們贏得了戰爭，為病人找到了有效的治療法。

醫生對死亡的看法，因年齡而有顯著的差異。年輕的醫生和護士，對死亡具有一種憤怒感，他們拒絕承認死亡是一件不可避免的事情。他們熱心地使用各種方式阻止死神的降臨。

中年醫生對死亡的看法比較理智，也比較不情緒化。老年醫生對死亡的感受則更平和，也更處之泰然。

當那些較一般人更畏懼死亡的醫生，診斷出病人得了不治之症的時候，他們很可能會產生相當大的焦躁感。為了應付那股焦躁感，這些醫生在和病人家屬討論病情的時候，很可能會使病人家屬誤以為，病人還有復原的希望，以致讓病人家屬空歡喜一場。而其實這些醫生應該告訴病人家屬，所有能作的事他們都作了，他們會盡力救治病人，但是家屬必須作最壞的打算。不幸的是，過去的醫科訓練，完全忽略了瀕死病人和病人家屬的心理問題，直到最近，某些醫學院才把這個內容，納入醫科訓練的範疇。

一位名叫路易斯・沙科(Louis R. Zako)的密西根州家庭醫生指出，「我必須承認，當我的焦躁感和恐懼感過份強烈的時候，用專業心態去處理瀕死病人，會讓我覺得非常輕鬆。因為這樣的話，我不必投入太多感情。因此，當我覺得自己無法應付瀕死病人的時候，我通常會很懦弱的扮演起不關心他人感受的科學家和專家的角色。當然，這種事情因人而異，某些醫生的焦躁感可能一直很強烈，因此他們總是用這種方式去處理瀕死病人。」

為了幫助醫生進一步瞭解死亡和瀕死過程的意義，也為了幫助醫生應付因之而起的焦躁感，一群有心人士組織了一個行動會。而生死學（thanatology，源自希臘文中的thanatos，其意為「死亡」便是在這種情況下誕生的。生死學基金會是一九六七年的時候，由「哥倫比亞大學內科及外科學院」裡的四位教授共同發起的。這個非營利性組織的諮詢委員會裡，一共有一百多位醫學界的專家（包括相關領域的顧問在內）；它定期舉辦演講會和研習會，同時作一些研究工作，並且發行了三份期刊：《生死學基金會檔案》、《生死學期刊》以及《死亡及其相關領域》。該基金會並將會議中的論文編印成冊，迄今已發行了數本書。

這個組織背後的精神嚮導，是它的現任主席奧斯汀・卡斯雀耳醫生，卡斯雀耳醫生是「哥倫比亞大學牙醫及口腔外科學院」的副教授。卡斯雀耳之所以會對生死學產生興趣，乃是源自於他的喪妻之痛。這位牙醫發現，當悲劇發生的時候，他和他的家人幾乎毫無心理準備。他並且很沮喪的發現，一九六七年的時候，從他太太進入臨終狀態到她過世後的那段期間，他在醫學及精神病學界的同僚，幾乎無法提供什麼幫助。今天，卡斯雀耳的第二任妻子以及兒子們，均是基金會的重要幫手。

還有一件事情可以顯示出，科學界對死亡問題愈來愈感興趣，那就是，一九七〇年的時候，死亡問題乃是美國先進科學協會年度會議中的一個議題。這個議題的贊助和組織單位是社會、倫理以及生命科學協會，這個協會是一個非營利性組織，它的經費來自各基金會，該協會是一九六九年的時候，在紐約州的哈斯汀史市創立的。

哈斯汀史中心有個小組，專門負責研究倫理、生物和醫藥方面的問題。而死亡及瀕死過程，乃是該小組目前正在從事的一項研究工作，該研究工作在福特基金會等的贊助下，正著手探討「時下的死亡定義、當今醫學界對瀕死病人的照顧、專業及法律上有關死亡的條款以及死亡意義的現代哲學與神學觀是否妥當的問題。」這個研究小組的成員，包括數位著名的科學家、醫生、神學家以及律師，該小組每年聚會二、三次，除了討論各領域內的相關發展外，同時也將新的研究題目，分配給各組員。

這個小組的一位成員，為了激發人們對死亡問題的興趣，十分積極的四處講學，這個人便是出生於瑞士的精神病學家伊莉莎白・古柏勒－羅斯(Elisabeth Kübler-Ross)博士，有些人戲稱她是「瀕死病人的洛耳夫・奈德(Ralph Nader)」❶，她不斷到美國各地，向醫學界同仁

---

❶（譯者註）Ralph Nader：美國律師，生於一九三四年二月二十七日，美國康耐狄克州溫斯提德市人，一九五五年取得普林斯頓大學文學士學位，一九五八年取得哈佛大學法學士學位。一九七二年榮獲普林斯頓大學所頒贈之伍卓・威爾森獎(Woodrow Wilson Award)。洛耳夫・奈德是消費者運動的發起人，他和幾位律師界的同僚，為一般性商品的安全性和品質評分（例如：嬰兒食品、殺蟲劑、水管、銀行政策等），以作為消費者的購物參考。他並且是汽車安全中心、大眾利益研究小組等組織的發起人。

及一般大眾講述死亡方面的問題。而眾多醫生、護士和醫學院學生出席她的演講會則顯示出，人們對死亡問題愈來愈感興趣，也愈來愈關心。

某些醫學院和神學院開設了專門探討死亡和瀕死問題的課程或研討會，另外還有一些大專院校，將這個內容納入一般課程之中；這些大專院校包括：史坦佛大學、紐約大學、芝加哥大學、奧勒岡大學(Oregon University)、羅徹斯特理工學院(Rochester Institute of Technology)、賓州大學(Pennsylvania State University)、哥倫比亞大學、羅德島大學(Rhode Island University)、波士頓大學、普渡大學、以及愛默里大學。一九七一年，當紐約大學首度開設「死亡的意義」這門課程的時候，註冊人數一下子便超過了預訂人數。此後，每個學期都有大專院校開設這方面的課程或研討會，以便讓學生從不同的角度，去探討死亡和瀕死的問題。

杜克大學(Duke University)內科醫生威廉・鮑(William Poe)建議，不妨在醫學裡增加一個新學門——臨終學（marantology，乃是源自希臘文中的marantos，意為「枯萎」或「凋謝」）。他指出，臨終學家的目標，不是用非常手段去保住病人的生命，而是照顧年老、得了絕症以

一九六五年，當奈德出版他的第一本書，《在任何速度下都不安全》之後，通用汽車公司特別雇用了一名私家偵探，去偵察當時尚默默無聞的奈德，究竟是何方神聖，有何意圖。事後，通用汽車公司曾為侵犯奈德的隱私權一事，向美國國會道歉。（參考資料：英文版《大英百科全書》）

及那些「雖然活著，但是已經失去行事能力」的病人。臨終學家的責任之一是，不要讓病人抱著罪惡感或失敗感離開人世。鮑醫生表示，「當我們碰到瀕死病人的時候，我們會用各種方法證明，我們在盡力救治病人。外科醫生會為八十多歲的病人，作頸部切割手術，以便為那些本來可以安詳去世的老人，插上輸送養份的管子。復健人員更是使盡了力氣幫助那些半身不遂的病人，跨出沒有太大意義的疲軟步伐。」

這個新專業領域並且可以幫助人們，尤其是醫生，承受失敗的打擊。鮑醫生指出，「我們不應該用維生、療養等方式，對待快要死掉的病人。我們也不應該把年紀已經很大的病人，放在加護病房裡，當成勝利者般對待。」

然而，叫某些醫生去精研死亡和瀕死問題，可不是一件容易的事情。在一個不肯正視人有旦夕禍福的社會裡，誰願意成為這些醫生的病人呢？而且，究竟有多少醫生願意坦承失敗，然後把快要死掉的病人，轉給臨終學家呢？對醫生來說，最大的成就感和報償，便是看到自己的病人復原。當然，醫生一定會碰到一些無法救治的病人，但是有希望復原的病人畢竟比較多。假如一位醫生接觸的全是快要死掉的病人，在情緒上他究竟能堅持多久，實在是一個問題。

而這個兩難問題的答案是，教育所有的醫生。讓每一位醫生除了懂得健康和生存之道外，也懂得死亡之道。

第六章　兒童與死亡

「醫生啊！醫生！我會不會死掉？」「會的，孩子，有一天我也會死掉。」

——無名氏

假如家裡不幸有人亡故，要不要告訴小孩子？應該告訴小孩子實情，還是應該欺騙他們，或者完全瞞著他們？小孩子究竟理不理解死亡？他們應不應該和家人一起哀悼過世的親人？他們會產生什麼樣的反應？我想，這些是父母所關切的眾多死亡問題中的一部分。

假如連已經成年的父母，都難以接受親人亡故的殘酷事實的話，那麼尚未成年的孩子，當然更不易理解死亡的意義了。我曾經在前面提過，現代的生活方式，使得這個問題變得更複雜，因為許多人在兒童期和青春期，從未經歷過親朋死亡的事情。現在的老人以及身體虛弱的人，多半住在療養院裡，祖父母和兒孫更是甚少住在一個屋簷下。至於醫院，則大部分設有很嚴格的探病規定，一般而言，大都禁止兒童探訪（這是很不幸的事情）。

由於大人通常對死亡具有一種焦躁感，因此他們會刻意避免讓孩子接觸死亡和瀕死的問題。然而，孩子卻不一定會因此避而不談死亡的問題。英國心理學家S・安東尼(Anthony)發現，許多兒童會在不經意間，提到死亡的問題。安東尼要求接受他調查研究的父母，記下他們和子女之間這方面的談話內容。而安東尼的調查研究顯示，兒童其實常常提到死亡，而且有趣的是，他們多半在睡前提出這類問題。這項調查並且顯示了一個很客觀的現象，安東尼把「死」這個字放在一堆單字裡測驗兒童，結果在九十一位兒童中，只有二位故意避開這個單字。

雖然如此，大部分的成年人仍然避免讓兒童接觸這方面的事情。其實大人應該知道，不讓孩子接觸這類事情，等於不讓孩子學習，而孩子必須學習這方面的事情。夏威夷大學醫學院精神病學家華特・查耳(Walter Char)指出，「事實上，早點讓孩子在正常、自然的情況下，瞭解死亡乃是生命的一部分，對孩子比較有益。」

兒童對死亡的看法，因年齡而有所不同。小孩子對死亡的第一個印象是分離，這種看法會一直持續到三歲。科學家很清楚，當稚齡兒童和近親分離的時候（即使只是很短暫的分離)，他們會表現出很強烈的焦躁感。由此可以想像，如果稚齡兒童必須和一位十分親近的人永遠分開的話，他們心裡會多麼難過。

三歲到五、六歲的兒童，把死亡看成一種暫時狀況，就像出門旅行或者睡午覺那樣。在三歲到六歲兒童的幻想世界裡，事情是可以改變的，他們可以按照自己的意願，使人及動物死亡或復活，在那個幻想世界裡，死亡是一件可以逆轉的事情。有一位五歲的小孩問他媽媽：「我知道爸爸死了，但是他為什麼不回家吃晚飯呢？」雖然這個年紀的小孩，已經比較清楚死亡的意義了，但是他們尚未將死亡看成一種永久性的分離。伊莉莎白・古柏勒—羅斯博士有一回在演講中，引述了一則她的親身經驗。當她四歲大的女兒幫她把家裡的狗埋在後院的時候，她女兒告訴這位著名的精神病學家說，「媽咪，其實不用難過。明年春天鬱金香花開的時候，狗狗會跑出來和我玩的。」

兒童精神病學家喬治・加耳德勒(George E. Gardner)在《個性的養成》一書中警告，「分離是兒童最根本的恐懼感之一。」大人應該和兒童說清楚，「離開之後還會再回來」以及「離開之後不會再回來」之間的差別，因為這是造成兒童焦躁感最主要的因素。加耳德勒並且指出，當大人用這種方式和兒童解釋死亡的時候，「應該告訴孩子，無論如何，他一定會得到妥善的照顧。」換句話說，就是要幫助孩子瞭解，他不會被棄之不顧的。六歲以下的兒童，大約需要一個星期以上的時間，才會脫離死去的親人還會再回來的幻想。

六歲到十歲的兒童，大多將死亡看成魔鬼、骷髏或者穿著一身白衣的鬼魂。十歲的孩子通常已經瞭解，「死亡」並不是指某一個人而言，他們並且已經知道一些生物學上的死亡定義。但是除非父母和老師曾經率直的和他們討論過死亡的問題，否則這個年紀的兒童仍然不知道，死亡乃是人生的終點。某些專家建議父母，不妨用誠實、直率的態度，回答孩子的死亡問題。一般而言，藉死去的寵物和孩子討論死亡的問題，是比較簡單，也比較容易讓孩子理解的方式。

許多父母由於疼愛子女，因此不願意讓子女接觸任何不愉快的事情，這些父母往往把子女保護得很好，以免他們傷心、痛苦。比方說，如果孩子養的金魚或烏龜死掉了，他們會在孩子發現之前，趕快換一隻新的。如果孩子養的貓、狗、鳥死掉了，他們會馬上為孩子買一隻更貴，或者「更好」的寵物。

然而，在這種環境下成長的小孩，究竟可以從這些死亡經驗裡，學到什麼呢？他們會不會因此以為，親人或朋友的死亡，並不是什麼大不了的事情——因為從小「愛」和「忠誠」對他們來說，便是一樣可以隨開隨關，隨便轉移的東西？

《父母與子女》一書的作者海姆·吉那特(Haim Ginott)博士指出，「父母不應該剝奪子女悲傷及哀悼的權利。孩子有自由為逝去的愛感到悲傷。當孩子為逝去的生命和愛悲慟的時候，他的仁德之心會變得更深厚，他的個性也會變得更高貴。」

寵物去世的時候，是父母和子女開誠佈公地討論死亡問題的最佳時機。父母可以藉這個機會詢問孩子對死亡的看法與感受，以及他們心中對死亡所具有的疑問。而當孩子看到父母開誠佈公地和自己討論死亡問題的時候，他們也會變得比較願意思考或談論這個，他們遲早得面對的問題。

當孩子的寵物死了之後，偷偷為他們換上新寵物的作法，很可能反而會使孩子感到很迷惑，很痛苦。六歲的蘇西去探望祖母的時候，她的貓不幸被汽車壓死了。蘇西的媽媽立刻跑到當地的動物收容所去認領了一隻新貓，這隻新貓幾乎和原來那隻貓一模一樣。

那天晚上，蘇西回到家之後，並沒有發現任何異狀。直到晚飯後，她跑去和貓咪玩，但是貓咪卻一直躲著她的時候，她才抱怨：「貓咪不喜歡我了，牠不肯跟我玩。」

蘇西的爸爸回答她說，「牠當然喜歡你。牠會跟你玩的。」可是當蘇西把這隻新貓抱在懷裡的時候，牠卻抓傷了蘇西的臉。她的傷口嚴重到必須用線縫合，而蘇西的父母則被這場沒有必要的風波，弄得既後悔又難過，至於那隻新貓，則被送回了動物收容所。蘇西的父母一直沒有告訴蘇西，究竟是怎麼一回事。

一般而言，聰明的父母都知道，讓小孩子分享哀慟和悲傷，就像讓小孩子分享歡笑和快樂一樣，乃是十分正常的事情。當家中有人亡故，但是小孩子卻不知道是怎麼一回事的時候，他們通常會感到很迷惑，很焦慮。小孩子很可能會因此胡思亂想，而小孩子的想法，往往很奇怪、很離譜，甚至令他們自己感到很害怕。此外，這些兒時幻想也很可能會一直留在記憶庫中，到成年期仍不消失。

羅斯醫生指出，「大人總認為孩子承受不了，因此不讓孩子參與喪葬計劃，也不讓孩子分享悲傷。其實這種作法往往適得其反。因為這無異是抹煞了一個鞏固及團結家庭關係的大好機會。」

寫過許多宗教和心理學論著的艾德加・傑克森(Edgar Jackson)牧師表示，父母最常問的一個這類問題是，「我們該不該讓孩子參加喪禮？」傑克森牧師指出，「小孩子很喜歡看遊行，對小孩子來說，葬禮有點像家庭遊行，它的起點是病床，它的終點是墓地或火葬場。」

「假如小孩子想參加葬禮的話，大人不妨讓他們參加。我認為，因為參加葬禮而受到傷害的小孩子，遠比沒有參加葬禮而受到傷害的小孩子少，因為打從孩子知道自己可以參加葬禮的那一刻起，他們便已接受了親朋死亡的事實。」

赫門・費佛醫生也認為，不讓小孩子參加葬禮，其實不是因為大人怕小孩子承受不了悲傷，而是因為大人本身對葬禮有一種焦躁感和顧忌。參加葬禮可以幫助小孩子接受事實，以免他們胡思亂想，或者對逝去的親人產生恐懼感。

專家咸認，大人應該讓已經很懂事的小孩子參加親人的喪禮，以便孩子在心目中，為這位親人的生命劃上休止符。坐不住的孩子或許不應該參加喪禮，但是大人可以鼓勵——絕不可強迫——年紀比較大的小孩，參加葬禮。此外，大人切不可讓那些不願意出席葬禮的孩子，感到內咎。大人也務必要誠實、直接的回答孩子所問的葬禮問題，大人甚至可以告訴孩子，如果他不願意參加葬禮的話，他可以以後去探訪親人的墓地。

留在家裡沒有出席葬禮的小孩子，其實可以用其它的方式參與最後的告別式，比方說：他們可以照應門戶、接受別人贈送的鮮花以及在廚房裡幫忙等等。小孩子可以從告別儀式中，得到相當大的安慰，雖然他們不見得完全明白發生了什麼事，但是儀式中的秩序和祥和感，以及日子得照舊過下去的感覺，對他們的確有影響。

父母或親戚其實不必擔心，讓孩子看到喪禮中哭泣悲傷的場面，是不是對孩子不太好，因為孩子正好可以利用這個機會瞭解，具有以及發洩這些感覺，乃是人之常情。在真實的人生裡，成年人也會哭的。

吉那特博士指出，「幫助兒童瞭解死亡意義的第一個步驟是，讓他們充分表達出內心的恐懼感、胡思亂想以及感受。只有當關心你的人靜靜傾聽你心中感受的時候，才能安慰及平撫你的心靈。假如孩子不願意表達心中感受的話，作父母的不妨代他們說出心中的感受。」

比方說，假如孩子的媽媽去世了，作父親的不妨和孩子說，「你很想念媽媽對不對？我也是。我們都很愛她，我知道她也非常愛我們。真希望她仍然活在人間，和我們在一起。很難相信她已經不在了。但是她會永遠活在我們心中的。」

和大人一樣，小孩子也需要舒解心中的哀傷感和焦躁感。因此應該讓小孩子傾吐他們對過世親人的看法，包括正面及負面的看法。大人應該鼓勵小孩子追憶過世的親人，一如大人應該鼓勵小孩子和家人一起討論未來的生活一樣。不論大人或小孩，都需要別人的諒解、支持和同情，也都需要用一些外在方法，去發洩心中的哀傷。

不讓小孩子參加追悼過程，很可能會使他們日後產生非常嚴重的情緒問題。湯米五歲半的時候，媽媽突然去世了，事情發生後，湯米的爸爸立刻把湯米送到親戚家去，直到喪禮過後才接回來。沒有人告訴湯米發生了什麼事。一個星期後，湯米的爸爸去親戚家接湯米的時候，他只告訴湯米，媽媽上天堂了，再也不會回來了。湯米自此一直追問他爸爸，媽媽到底去那裡了，可是湯米發現，爸爸對這個問題感到很不自在。在似懂非懂的情況下，湯米不再追問他爸爸這些問題。可是從此湯米不但見到陌生人就害怕，而且還經常尿床、作惡夢。湯米並且因為控制不了自己的脾氣，不得不從幼稚園退學，此外，除非他爸爸也在車上，否則他決不坐任何人的車子。雖然隨著時間的流逝，這些症狀慢慢都消失了，但是長大後，湯米卻變成一位非常憂鬱的人。

另外一個例子是，八歲的柏尼，在父親意外死亡後，一直沒有流露任何的悲傷情緒。悲劇發生後的第一個禮拜，這個小男孩異常的開心。他沒有哭，不問任何問題，也不肯參加喪禮。雖然柏尼的姊姊一直哭，柏尼的媽媽也試著解釋發生了什麼事情，但是柏尼卻完全不提他爸爸的任何事情。十二年之後，柏尼因兩度自殺未遂去接受心理諮商時，心理學家才發現，柏尼的問題和他對父親的深摯感情，以及他不肯接受喪父的事實，明顯相關。

許多時候，失去配偶的父親或母親，由於過份依賴小孩子，以致小孩子無法適度地宣洩心中的悲傷。湯姆十三歲的時候，父親因心臟病突發去世了。由於湯姆的媽媽一下子沒辦法接受這個打擊，因此湯姆成了家中的精神支柱。幾個星期以來，湯姆的媽媽不但什麼事都不能作，而且也無法照料她的兩個兒女。結果湯姆在料理父親的喪事之餘，還得安慰自己的母親和妹妹。

湯姆回憶，「每個人都趴在我肩膀上哭。可是當她們沒事，而我需要哭泣的時候，又顯得很不妥當。」

換句話說，雖然大人必須對孩子坦白、誠實，但是孩子畢竟是孩子。英國人類學家傑佛瑞・郭耳(Geoffrey Gorer)等人指出，刻意不去討論某一件事情，反而容易造成偏見。維多利亞時代的人刻意不談性事，二十世紀的人則刻意不談死亡。可以和兒女開誠佈公地談論性問題的現代父母，不是不願意和兒女討論死亡的問題，便是在討論這個問題的時候，故意欺瞞兒女。誠如英國小兒科醫生賽門・尤德金(Simon Yudkin)所言，「維多利亞時代的人，用據實描述死亡和瀕死狀況以及詳細描繪天堂和地獄中情境的方式，去嚇唬小孩子，而現代人則用不告訴小孩子任何事情以及偷偷處理家中不幸事故的方式，去嚇唬小孩子。」

失去父母或手足的小孩子，早年可能會產生一股非常強烈的罪惡感或羞恥感。因為大部分的小孩子經歷的是祖父母或者其它年長親戚的死亡，經歷父母或手足死亡的小孩子，並不多。我的母親便是在我非常年幼的時候，患白血球過多症去世的，我對她並不怎麼熟悉，真的，我母親過世數年後，我父親再婚。雖然我的繼母是我所熟悉的母親，但是我一直都知道，我的生母去世了。

我非常清楚的記得，事情發生在我上小學的時候，而直到青春期快結束的時候，我才鼓起勇氣和家人討論母親過世的事情，對我來說，這真是一大解脫。母親的死，似乎使得我和我的家人，變得比較羞怯。我太太則是幼年喪父，在我寫這本書的時候，我太太和我曾經討論過我們的喪父、喪母經驗，以及我們小學那幾年的感受。我太太表示，那個時候，她也有一種罪惡感和羞恥感。我太太說，「或許，這是因為小孩子對自己的屬性非常敏感的緣故，他們希望和自己的同伴一樣。家庭結構的不同，會使他們覺得和別人格格不入。而且，那時候，死亡是一件大家不太願談論的事情，其實現在也是一樣——對小孩子來說，死亡是一件很神秘的事情，一件會使他們成為別人好奇目標的事情。」

我舉這些例子的目的是為了說明，不僅父母應該開誠佈公地和孩子討論死亡方面的問題，老師也應該坦率的和班上的小朋友討論這些事情。當然，應不應該在課堂裡討論死亡的問題，和應不應該在課堂裡討論兩性的問題一樣，一定具有一些爭議性。問題是，許多小朋友飼養寵物，大部分的小學教室裡，也養有一些小動物以便學生觀察牠們的生態，教室陳列的書籍裡，也不乏這方面的題材，因此如果老師在課堂裡，用簡單、直率的方式，和小朋友討論死亡問題的話，實在不應該受到攻擊。這方面的探討，不但可以為曾經以及即將要失去親人的小朋友，提供相當大的安慰，而且還可以幫助他們除去心中不必要的罪惡感和羞恥感。

許多父母用拐彎抹角的方式告訴小孩子，某某親戚死掉了。其實父母應該盡量避免採用這種過份單純化的方式。雖然許多人認為，半真半假比事實對小孩子的傷害力要小得多，然而，其實沒幾個超過兩歲的小孩子，真的相信這種白話，這些白話只會讓他們覺得很迷惑，而不是覺得很安慰。

有一對父母告訴四歲的女兒說，爺爺「去睡覺了，永遠不會再起來了。」於是這個小女孩問她的父母，爺爺有沒有忘記穿睡衣。她並且對自己沒能在爺爺睡覺前，和爺爺說晚安，感到十分地耿耿於懷，她認為爺爺可能會為此生她的氣。其實，父母在告訴小孩子這些話之前，實在應該想一下，小孩子每天晚上都得睡覺，小孩子聽到這種解釋之後，會不會從此對睡覺這件事情，產生嚴重的焦慮感？

另外一對父母告訴五歲的兒子說，「奶奶上天堂作天使去了。」於是這個小男孩開始祈禱，他希望他和全家人快點死掉，以便和奶奶一樣去天堂作天使。

還有一個小男孩的媽媽，不幸在不久前過世了。家人告訴這個小男孩說，「媽媽去天上了。」有一天，這個小男孩從北卡羅萊納州搭飛機到華盛頓去看精神病醫生班尼特・歐耳謝克(Bennett Olshaker)，他告訴醫生說，他在飛機上的時候，「找遍了所有的雲朵，都沒有找到他媽媽。」為此，這個小男孩非常地傷心、失望，可是從家人對他母親死亡的解釋來看，這個小男孩的反應其實很正常。他沒有參加母親的葬禮，好心的親戚把他帶到別處去玩了，以免他傷心。

從宗教的角度向小孩子解釋死亡的意義，往往很有幫助。即使平常沒有任何宗教信仰的父母，在幫助小孩子瞭解死亡的時候，都不妨鼓勵小孩子相信上帝的存在。比方說，作父親的可以告訴小孩子，「媽咪死了，她的遺體埋在地下（或已火葬），但是她的靈魂上天堂了。」他甚至可以告訴小孩子，媽咪會永遠活在他們的思念和記憶中。

然而，克里福蘭兒童發展研究中心的羅勃・佛爾門(Robert Furman)醫生卻警告，「讓小孩子堅持不信仰上帝的最佳方法可能是，告訴他們上帝把他們心愛的人帶走了；讓小孩子畏懼宗教思想最佳的方法可能是，告訴他們每一個人死了以後，都會去那個不清不楚的地方。」

佛爾門醫生並且引用下列這個例子，去進一步說明他的講法。一位母親抱怨四歲的兒子很難入睡。這個小男孩睡前一定堅持把房間裡所有的窗戶都鎖起來，夏天也不例外。出去的時候，他絕不過馬路，也不肯離開樹蔭。結果精神病學家發現，當這個小男孩在襁褓中的小弟弟去世的時候，家人告訴他，「上帝從天堂下來，把熟睡中的弟弟帶到天堂去了。」

假如用同樣的方式對小孩子解釋父親的死亡的話，很可能會使小孩子的心靈，從此蒙上恐懼的陰影，因為每當他們作錯事的時候，他們都會害怕，父親會不會突然從天上那個神秘的地方下來，懲罰他們。

看了以上這些例子之後，許多父母不禁會問，「那我究竟應該用什麼方式告訴小孩子呢？我該說些什麼呢？」這個問題並沒有一個很簡單的答案。在回答小孩子的死亡問題之前，父母得考慮很多因素，而「明智合理」是關鍵。

喬治・加耳德勒(George Gardner)醫生指出，「我的結論是，沒有一個關於死亡的解釋，可以放諸四海皆準，或者令小孩子完全滿意。」

蓋所協會(Gesell Institute)出版的《兒童行為》一書指出，「你應該盡可能清楚、直接、誠實的回答小孩子提出來的任何問題。但是你不需要說得太詳細。假如小孩子想進一步瞭解的話，他們會問你的。」

當大人簡短、開誠佈公地告訴小孩子事實，而且慈祥地摸摸他們的頭，或者抱抱他們的時候，會令小孩子覺得很安慰。因為行動勝過言語，大人說的話對小孩子固然有所幫助，但是大人的表達方式，對小孩子的影響更大。

班傑明・史巴克(Benjamin Spock)醫生建議，父母第一次向小孩子解釋死亡的時候，最好讓氣氛「輕鬆點，以免嚇著孩子。父母不妨告訴小孩子，『每一個人遲早都會死的，但是絕大部分的人都是活到很老、很累、很衰弱的時候才死掉的，而且到了那種時候，很多人都不想再活下去了。』」史巴克醫生並且勸告為人父母者，在和小孩子討論死亡問題的時候，最好不要製造恐懼感。他指出，「別忘了抱抱孩子，對孩子笑笑，也別忘了提醒孩子，你們在一塊兒的日子還長的很呢！」

失去父母或手足的小孩子，或多或少會感到自責。精神病學家指出，幾乎每一個人小時候，都會在生氣或沮喪的時候，暗自希望自己的爸爸、媽媽、或兄弟姊妹死掉。

伊莉莎白・古柏勒－羅斯醫生指出，「這表示，小孩子認為，此刻妳是一個壞媽媽，所以我希望妳死掉，可是等一下我想吃果醬三明治的時候，妳得起來弄給我吃。」

可是如果曾經暗中希望自己的媽媽死掉的小孩子，真的失去了媽媽的話，這個小孩子會因此認為，是他把自己的媽媽害死的。在這種情況下，這個小孩子不但會感到很內咎，而且還會覺得自己被拋棄了。除了害怕之外，他還會氣自己的媽媽「不回來作果醬三明治給他吃」。這個小孩子並且會因為自認為自己犯了罪，而開始期待懲罰。羅斯醫生指出，「這些小孩子在五、六十年之後，會異常地畏懼死亡。因為他們認為，他們會為這件事情遭受很多痛苦。」

一九七二年，羅斯醫生到紐約嬰兒醫院(Babies Hospital)向一群護士演講的時候，曾經舉過一個例子說明上述的情形。她說，有一次她到威斯康辛州的麥迪森市講述死亡和瀕死過程的時候，她問在場聽眾：「諸位當中有沒有人小時候從不曾暗自希望自己的媽媽死掉的？」

「那以後，會場中的一位修女，便一直盯著我看。我真想走過去告訴她，『我瞭解。妳想和我說什麼？』」

演講結束之後，這位修女並沒有離開會場，於是羅斯醫生走過去和她說話。這位修女只告訴羅斯醫生，「我會寫信給妳的。」

幾天後，羅斯醫生接到一封令她非常感動的信。「那位修女在信中寫到，對她來說，那天的經歷非常奇妙。她在她工作的醫院裡，看到我的演講公告，她當下便有一種感覺，上帝昭示她務必要去聽這場演講。有生以來，這是她第一次主動出擊，自己請願作她們醫院的與會代表。結果她如願以償的成為代表，她預感將會發生一些很特別的事情。」

「當我在演講會上提出那個問題的時候，她猛一下想起一件她四歲時發生的事情——那是四十九年以前的事了，她幾乎完全忘了那回事。」

這位修女在寫給羅斯醫生的信中指出，她是家中最年幼的孩子。有一天，她的哥哥、姊姊都去上學之後，她一個人在家裡玩耍。她記得她聽見她媽媽從臥房裡對她說，「蜜糖，給我倒杯水來。」可是她沒理她媽媽，繼續玩耍。不久她媽媽又對她說，「如果妳不幫我倒水的話，我想我會死掉的。」於是她心不甘、情不願的幫她媽媽倒了一杯水。她很快就把這件事情忘記了。

可是二天後，她母親突然得了重病被送到醫院，而且入院當天便死掉了。羅斯醫生指出，「讓我提醒你們，這位小女孩從來沒有告訴過任何人這件事情。她只記得，從此以後她便覺得，自己永遠，永遠都不應該感到快樂。假如有兩塊排骨放在她面前，一塊有很多肉，另一塊都是骨頭的話，她會告訴自己，她只能拿那塊沒什麼肉的排骨。她並且知道，她以後會當修女，終生侍奉主。」

「她告訴我，當她在演講會上聽到我問：『諸位當中有沒有人小時候從不曾希望自己的媽媽死掉？』的時候，她才意識到，原來這種想法對小孩子來說，其實非常正常，剎那間，她忽然覺得壓在胸口上的沈重負擔不見了，『我覺得自由了，我自由了，我自由了。』這是一個非常典型的例子。我想，我不必解釋，我舉這個例子的意思並不是在暗示，作修女的人都是因為這種事情才會去作修女的，我只是用這個例子去說明可能會發生的狀況。」

當兒童因為這種原因而感到害怕、苦惱和悲傷的時候，大人應該設法安慰他們，並且告訴他們，願望不會，也不能把人殺死。即使小孩子一下子不能理解，他也會在作好心理準備後，去找比他年長的朋友或親戚，討論這個問題。開誠佈公地討論這些問題，可以避免日後不必要的苦惱。

史巴克醫生指出，「不分年齡，所有身心健全的人，都對死亡具有一種恐懼感和抗拒感。不論你用什麼方式和小孩子討論死亡的問題，都不可能去除小孩子的這種心態。但是如果你自己對死亡抱持一種，人生自古誰無死的大無畏態度的話，你的孩子自然會在你的影響下，產生類似的心態。」

失去父母的小孩子，當然會產生孤獨、害怕、被拋棄，甚至憤怒的感覺。在某些情況下，有些小孩子的確需要專業人士的幫助，一位瞭解他們心中感受的專家，可以幫助他們舒解心中的恐懼感。也有一些小孩子不願意表露心中的痛苦。他們很可能會設法避開面對面的溝通，以免看到父母難過的樣子。這種小孩子會假裝什麼事情都沒有發生過，或者假裝自己一點也不在乎。但是稍微敏感一點的父母，一定會很快的察覺出小孩子的痛苦。而這種痛苦的表現方式，可能是一般行為的改變、情緒上的變化，也可能是生理上的不適，比方說：這裡疼那裡痛、不容易入睡、食慾不振等，另外，這種小孩也可能會出現說謊、偷竊、尿床等，較為嚴重的徵狀。明智的父母一定會追查造成這些行為變化的原因。以下是一些可以視為警訊的行為特徵，剛經歷過失親痛苦的小孩子，如果出現這些行為徵狀的話，很可能需要專家的協助：

——表面上顯得一點也不難過的小孩子，內心很可能非常煩惱，而且這些小孩子的問題，往往許多年之後才會浮現。

——假如小孩子對過世的親人，一直具有一種不可動搖的病態摯愛心理，或者如果小孩子一直認為，死掉的人一個星期之後還會復活的話，那麼這個小孩子可能需要專家的協助，才能拋棄幻想，面對現實。

——假如小孩子出現嚴重的行為偏差現象，或者不肯參加學校活動，也不肯作功課的話，這個小孩子很可能需要專家的協助。(功課退步在所難免，但是如果小孩子完全陷在白日夢裡的話，就必須注意了。)

——用偷竊或其它法理不容的行為，去發洩心中氣憤的小孩子，需要專家的協助。

小孩子對周遭人士的態度，可以反映出他們抑制失親痛苦的程度。教育顧問安・渥特(Anne Watt)解釋，「如果小孩子一直無法忘懷逝去的親人的話，他們很可能從此不願意再對任何人投注深情。長大之後，他可能會成為一個只愛自己和物質東西的人，因為物質東西不會死掉，讓他傷心。他會變得沒有勇氣去發展或維繫人際關係，以免他人棄他而去。假如具有這些徵狀的小孩子，在成年之前尋求專家協助的話，對他們會有很大的幫助。」

無論如何，有一件事情非常明顯，那就是小孩子和大人一樣，也會對死亡感到震驚和難以置信。假如小孩子在聽到親人亡故的消息後，立刻跑去玩耍的話，表面上看起來，他似乎對所發生的事情無動於衷，但是事實上，這個小孩子很可能只是想回到他所熟悉的情境中去，慢慢消化這個可怕而陌生的新情況。讓小孩子擁有一些自處的時間和空間，對小孩子其實有幫助，只不過父母必須留心，這段時間不應太冗長。

這種適應性的行為，和假裝親人沒有死掉的否認性行為，是兩回事。例如，有一位六歲的小男孩，原本非常喜歡上學，可是自從他媽媽去世之後，他不再將學校的作業和圖畫帶回家去，他總是忘記帶。他沒辦法向爸爸解釋為什麼會這樣，可是有一天，這個小男孩的哥哥無意中聽到一段對話後，終於明白了其中的道理，「因為他再也不能把這些作業和圖畫帶回家給媽媽看了。為了避免觸景傷情，他乾脆把它們忘在學校裡。」這個小男孩勉強同意這個原因後，又開始帶作業回家了。

小孩子的失親痛苦，也可能會演變成一股憤怒情緒。小孩子可能會說，「我恨爸爸，他為什麼要死掉。」小孩子還可能會把這股怨氣，發洩在別人身上。不論大人或小孩，都會為了失去寶貴之物，而感到痛心不已。遭到失親打擊的小孩子，不一定會率直地表達自己心中的怒氣，他可能會用經常和老師、同學發生衝突的方式，去宣洩心中的憤怒。大人必須設法讓孩子瞭解，雖然某某親人的死亡，不是任何人的過錯，但是他會為此感到憤怒，乃是十分正常的事。大人也必須設法讓孩子瞭解，他的表現很正常，他不必為此感到內咎，而且他不久就會渡過這段時期的。

被拋棄的恐懼感，或者「分離的焦躁感」，是父母必須幫助小孩子處理的另一種情緒。

年幼的巴比在父親過世之後，問他的母親，「媽咪，爸爸死了，你會不會也死掉，丟下我一個人？那誰來照顧我呢？」

小孩子非常關心「由誰來照顧他」的問題，即使已經到達獨立年齡的孩子，亦不例外。父母用何種方式對待孩子心目中日益強烈的獨立感，會嚴重影響小孩子的情緒平衡。對小孩子來說，「由誰來照顧我？」是一個很普通，很合理的問題。沒有明目張膽的問過這個問題的小孩子，很可能私下曾經想過這個問題。班尼特・歐耳謝克(Bennett Olshaker)博士指出，「假如小孩子明白表示，他很擔心自己的另一位父母也會死掉的話，大人不妨告訴小孩子，雖然每個人遲早都會死掉，但是通常一個人都是活到很老之後才死掉，因此他不用太擔心，很可能他長大、成家立業之後，他的另一位父母才會死掉。」

當然，小孩子很可能會接著問，「我知道，可是如果你也死掉的話呢？」這是父母必須深思的問題。如果父母都在空難、車禍或者其它意外事件中喪生的話，那怎麼辦？由誰來照顧小孩子？誰願意挑起這個擔子？應該怎麼樣安排才能將傷害降至最低程度？為人父母者，實在應該和子女談談這些問題，當然年齡太小的孩子除外。這對已經失去一位父母，害怕會失去另外一位父母的小孩子來說，尤其重要。把這些疑問弄清楚，可以讓那些害怕自己會被棄之不顧的小孩子，安心許多。

精神病學家也建議，罹患絕症的父母，最好不要為了「保護」小孩子而對他們隱瞞真象。伊莉莎白・古柏勒─羅斯醫生指出，「年輕人不是那麼好騙的。所以最好讓他們知道真象，以便給他們足夠的時間作心理準備，這樣的話，當他們日後面對自己的死亡時，也比較不會產生畏懼感。」

親人去世對小孩子來說，固然是一件非常殘酷的事情，但是小孩子亡故，則是一件更令人痛心的損失。可惜孩子也會死，這是生命中一個非常簡單、悲哀的事實。

當約翰的父母知道約翰得了白血球過多症之後，他們告訴醫生，他們不希望十歲的約翰知道自己得了什麼病，以及為什麼他會得這種病。醫生同意之後，告訴約翰的父母說，他們不妨告訴關心的親朋好友，約翰得的是貧血症。只要和約翰的病情無關，約翰的父母會誠實的回答約翰所問的所有問題。

和醫生談過幾次話之後，約翰不再詢問醫生自己的健康狀況以及醫療程序──不用說，醫生對這個轉變當然求之不得。約翰出院的時候，他的父母故意表現得很快樂，就好像約翰已經完全復原了一樣。

幾個月之後，雖然約翰又進出過幾次醫院，而且將不久於人世，但是他的父母仍然不願意告訴他真象。醫生和約翰的父母都認為，不必讓約翰承受不必要的心理負擔。至於約翰，則絕口不提自己的病情，而且與人談話的時候，也故作輕鬆。

當約翰去世之後，約翰的父母還很欣慰的認為，自己作得很成功，以致兒子至死都不知道真象。然而，約翰死後不久，親朋好友便知道約翰其實是死於白血球過多症。原因是，約翰的一位同學在約翰死後跟人誇耀，他早就知道約翰得的是什麼病了。於是老師詢問這位同學是怎麼知道的，並且將詢問結果告訴了約翰的父母。原來約翰自己告訴這位朋友，他得了白血球過多症，他還要求這位朋友不要把這件事情告訴任何人。而直到這個時候約翰的父母才意識到，由於他們決定對兒子隱瞞真象，因此他們的兒子很可能死得非常寂寞。

當七歲的蓓基快要死掉的時候，她不但變得疑神疑鬼，而且還很關心那些從醫院病房裡「消失不見」的小孩子，究竟到那裡去了，於是她展開了一場「正面攻擊」。她詢問她看到的每一個人，「我死了以後會怎麼樣？」

她的醫生回答她，「我聽到有人要找我，我得走了。」

她的護士告訴她，「妳這個壞孩子，別說這些話了。好好吃藥就沒事了。」

但是她的牧師卻用一個問題，回答她的問題。牧師問蓓基，「妳認為會發生什麼事情呢？」這個小女孩回答，「我想，有一天我會沈沈的睡去，當我醒來之後，我會和耶穌以及我的小妹妹在一起。」

牧師回答說，「那一定很美。」小女孩終於滿足了。

大人通常不願意讓罹患絕症的小孩子，知道自己真正的病情。當然，有些小孩子因為還不夠成熟，因此無法接受自己即將死亡的事實，但是也有一些小孩子對自己的健康狀況非常好奇，而這些小孩子如果知道自己真正病情的話，或許對他們反而比較好。然而，小孩子通常不會提出這類問題，因為他們周遭的人不讓他們問這些問題。假如小孩子無法打破語言上的禁忌的話，他們往往會用圖案，或者非口語化的方式，表達心中的感受。

一位長了腦瘤，而且不能開刀切除的八歲小男孩，非常怕死。他認為死亡是一股非常強大的摧毀力，但是他不願意，也不能討論這個問題。於是院方建議讓這位小男孩接受心理輔導，在某一次的輔導過程中，輔導人員給這位小男孩一張紙和一些蠟筆。結果這個小男孩畫了一架巨大的坦克車，並且在坦克車前面，畫了一個手裡舉著「禁止通行」牌子的小男孩。坦克車象徵死亡，一股無人能阻擋的摧毀力量，手裡舉著「禁止通行」牌子的小男孩，則象徵他在徒勞無功的命令死神停止前進。輔導人員看了這幅圖畫後，立刻畫了一幅類似的圖畫，但是輔導人員在小男孩的旁邊，加畫了一個摟著小男孩肩膀的大男生。經過數次輔導之後，這位八歲的小男孩，終於願意接受自己即將死亡的事實，他並且畫了另一幅圖畫，他用黑色的蠟筆，畫了一隻很大的鳥，在這隻大鳥的一隻翅膀上，他加了一點鮮黃的色彩。他說這幅畫的意思是，「一隻翱翔在天空的和平之鳥，『我』的翅膀上有一點陽光。」這是這位小男孩所畫的最後一幅圖畫，他畫完這幅圖畫後不久，便去世了。但是我想，這位小男孩的醫生、護士和父母一定很高興知道，這個孩子終於明白，並且接受了自己的命運。

以下是另一種型態的非直接式溝通方式。有一位得了絕症的八歲小女孩，必須生活在密閉的氧氣帳篷裡。她從來沒有跟任何人提過自己的病情，也從來沒有詢問過死亡方面的問題。可是有一天晚上，她突然問病房裡的護士，「假如我的氧氣帳篷燒起來的話，怎麼辦？」

這位護士回答，「不會的，我們不會讓任何人在這裡抽煙的。」這位護士的回答，沒什麼不對的地方，但是這位護士在回答這個問題的時候，已經意識到，這位小女孩其實是在尋求幫助和支持。雖然這位護士明白小女孩的意思，但是年紀輕輕的她，卻不認為自己可以處理當時的情況。於是她打了一通電話給她的主管，把她的主管從睡夢中叫醒，這位經驗較為豐富的護士也認為，應該採取一些行動幫助這位小女孩。

於是這位護士長立刻到病房去看這位小女孩，她坐在小女孩旁邊，並且把肩膀放在小女孩的枕頭上。她問這位小女孩，「妳剛剛為什麼問失火的問題？」這時，這位小女孩雙手抱著護士長哭了起來。

小女孩說，「我知道我快死了，我只想找個人談談這件事情。」於是護士長和這位小女孩談了起來，她很誠實的回答了小女孩所問的問題，護士長離開前，特別問小女孩，「還有沒有什麼事情需要我幫忙？」小女孩回答，「有。」她希望這位護士長和她媽媽談一談她即將去世的事情，只要一次就好了。

第二天早上，當小女孩的媽媽到醫院去看望女兒的時候，這位護士長特別把她請到辦公室去，和她解釋昨晚發生的事情。結果這位小女孩的媽媽為此十分震怒，她一把將護士長推開，衝出辦公室去。此後，這位小女孩的媽媽，再也不肯單獨進入小女孩的病房。這是一種自我保護的行為反應，她害怕小女孩會提起自己將不久於人世的事情。

住在醫院裡的絕症病童，會不停的用口語化和非口語化的方式，去尋求幫助，以便應付自己的孤獨感。他們會傾聽腳步聲和說話聲，也會用眼光去尾隨病房裡的訪客。小孩子對周遭的事情很敏感的，舉凡母親的淚眼、訪客進入病房時關皮包的聲音，都逃不過他們的耳目。

絕症病童最大的感受是孤獨感和寂寞感。

對年紀較小的孩子而言，死亡等於是分離的同義字。羅斯醫生指出，「對這種病人，我們最大的期望是，滿足病人的需要，而不是我們自己的需要。對那些年幼的嚴重病患來說，我們能夠給予他們的唯一希望是，讓他們的父母——我並不是指母親，我指的是雙親——盡可能的陪伴他們。」這樣不但可以讓病中的孩子覺得安慰，而且還可以讓父母有機會瞭解垂危孩子的心境。

毫無疑問，和孩子討論他們所染患的絕症，對父母而言，真是一件痛心疾首的事情。當然，是否應該和孩子討論這些問題，得視個人的狀況而定。但是父母、神職人員和醫生之間的溝通管道，絕對應該保持通暢。當孩子提出問題的時候，大人應該用小孩子可以理解的方式，回答他們的問題。羅徹斯特大學(University of Rochester)的史坦佛·福里德門(Stanford Friedman)博士指出，當孩子詢問，「我得了什麼病?」的時候，他其實是想知道，他的父母和醫生，願不願和他談談，以及他的情況究竟如何。

福里德門博士指出，「其實你的血液有點問題之類的簡單解釋，已經足以滿足年幼的孩子了，但是在父母告訴孩子病情之後，必須接著告訴孩子，他不舒服的時候可以吃藥，他們隨時可以聯絡醫生，醫生知道他得的是什麼病，他們正在設法治療他的病。」

家中有小孩子罹患不治之症，對任何家庭來說，都是相當沈重的打擊。遇到這種事情的家庭，很可能會和瀕死的成人一樣，也會經歷五個階段的情緒變化——拒絕相信事實、憤怒、許願、傷心難過、和接受事實。有一位父親許願，如果他剛出生不久的兒子能夠逃過一死的話，他有生之年願意嚴守所有的教規。結果這位嬰兒復原了，這位父親因此成了虔誠的教徒。

專家指出，在適當的幫助下，瀕死成人可以很快的穿越前面四個階段，進入接受事實的階段。但是當病人是孩子的時候，經歷五個情緒階段的是家人，而且在孩子過世之前，家人甚少願意接受事實。

第七章　哀慟與永別

「哀慟的人有福了，因為他們必得安慰。」

——馬太福音　5：4

恰如每一個人遲早得面對自己的死亡一樣，每一個人遲早都得面對親人的死亡。不論去世的親人是父母、兄弟、姊妹、配偶或是子女，反正失去近親的人，很可能會經歷他們一生中最激烈的情緒震盪。而在失親族所經歷的一連串情緒震盪裡，不知所措的感覺，佔了極大的份量。陷在愁雲慘霧中的失親族，往往被葬儀社當成斂財的目標。美國式葬禮的種種商業面，便是最好的證明。潔西卡・密特佛德(Jessica Mitford)曾經在〈美國死法〉一文中，淋漓盡致的描述過美國的喪葬業，她指出，喪葬業向失親族收取的費用實在太高了。棺木、墓地、墓碑、防腐程序、壽衣以及為死者化妝等項目的費用，合計起來至少是一千塊美元——而失親族在極度悲傷的情況下，往往顧不得自己花得起、花不起這筆錢，反正先花了再說。

葬禮是非常重要的告別儀式，不論在那一種文化裡，都是親友聚在一起為死者送終。考古學家伽斯特・查爾德(Chester Chard)指出，「我們對尼安德塔爾人❶的瞭解，之所以比其它原始人多許多，乃是因為截至目前為止，這是已知的，第一個埋葬死人的原始人，或許，這是證明尼安德塔爾人，比較人性化的最主要的一項證據。」可見，處理死者的方式，是度量

---

❶（譯者註）尼安德塔爾人(Neanderthaloil Man)：在德國尼安德塔爾河流域所發現之舊石器時代原始人遺骸。第一具這種類型的原始人，是一八五六年的時候，在德國尼安德谷的一個洞穴裡發現的。發現這具骨骸的人，是鄰近城鎮的一位老師，但是闡述這具骨骸重要性的，則是人類學家赫門・希瓦夫郝森(Hermann Schaffhausen)。然而消息公佈之後，立刻引起了廣泛的爭議，某些學者認為，這的確是原始人的骨骸，某些學者則認為，這只是被拋棄在洞穴裡的近代病人。一個世紀以來，這個爭議始終未能定案。證據顯示，尼安德塔爾人埋葬死者——獨葬及群葬。由於在埋葬的人類骨骸中，混有動物骨骸，因此某些學者推斷，尼安德塔爾人可能已經具有宗教信仰。尼安德塔爾人可能是距今七萬五千年到十二萬五千年的人類。（參考資料：英文版《大英百科全書》）

人類進化程度的標準之一。

葬禮有三重目的：處理屍體、幫助失親族從失親的哀慟中回復過來，以及公告死訊。

文化和宗教信仰是影響葬禮形式最主要的因素。從古至今，傳統葬禮的主要目的，乃是為失親族提供慰藉和治療。現代的精神病學家和心理學家，均肯定葬禮的治療效果。

以猶太教為例，失親族必須遵照一定的模式去進行哀悼。由於猶太教不贊成生者為死者哀傷太久，或者情緒太過激動，因此猶太法典規定，生者應為死者垂淚三天，慟哭七天，並且在三十天內不得剪髮及穿著熨平的衣服。

猶太文化並且認為，應該有人陪伴失親族。根據古老的猶太傳統，葬禮當天，失親族不能吃自己家烘培的麵包。這表示，失親族的鄰居或親友，必須送食物到失親族家去；而他們送食物去的時候，必然會陪伴及安慰失親族一番。

在猶太教的七天服喪期間，服喪者必須端坐在一張矮凳子上，接受親友的慰問。為父母服喪的子女，則必須從父母去世的那天起，每天至少頌讀一遍「卡迪虛」(Kaddish)祈禱文，連續十一個月。十一個月之後，只需每年在父母祭日那天，頌讀一遍即可。這個習俗不但為生者規劃了一段哀悼期，而且還禁止生者在這段時期過後，過度悲傷。有趣的是，「卡迪虛」祈禱文雖然是追悼死者的祈禱文，但是該祈禱文從頭到尾，沒有提到「死」這個字。這篇祈禱文的主要內容是，召示上帝是世界的創造者和統治者，並且期望上帝的國度早日出現在人間。紐約猶太教神學院的賽門・葛林柏格(Simon Greenberg)牧師指出，「卡迪虛」祈禱文的主旨是，讓教徒「謙卑、誠信的接受上帝的意旨。」

羅勃・福爾頓(Robert Fulton)和吉爾伯・蓋斯(Gilbert Geis)所發表的研究報告指出，美國的猶太教牧師，不分正統派、保守派或改革派，大多對「葬禮的目的，具有相同的看法。他們認為，雖然葬禮是一種宗教儀式，但是它的目的不但是為了光耀主，同時也是為了向死者致意。此外，葬禮不但可以幫助生者平撫失親的創痛，同時還具有教育意義，這個教育意義便是，葬禮可以促使生者興起，生命苦短，要好好活著的念頭。」

另一項傳統的喪葬習俗是「守靈」。守靈的意思就是「守護死者」。這個習俗的起源雖然已不可考，但是根據社會學家傑龍・沙勒蒙(Jerome Salomone)的說法，「為死者守靈的習俗，早在文明前便已存在，世界各地均有這種習俗。」

以前，守靈指的是，在不受外界打擾的情況下，從死者嚥氣的那一刻開始，一直守護死者到下葬為止。最常見的一種守靈方式，是愛爾蘭人的守靈方式，亦即親友聚在一起瞻仰遺容，然後再一起飽餐一頓。今天，許多社會仍保留守靈的習俗，也就是在特定的時間內，讓他人有機會在死者下葬前，瞻仰一下死者的遺容。

聖瑪利亞大學(Notre Dame University)社會系教授約翰・肯恩(John J. Kane)，曾經用以下的語句，解釋過守靈的功能：「為守靈而作的種種準備工作，無庸置疑會使得失親族十分忙碌。雖然失親族的心情十分沈痛，但是前來向死者致敬的親朋好友，一定會順便安慰失親族一番……。而守靈的過程雖然有喧嚷的一面，甚至還有飲酒過度、過份吵雜的情形，但是基本上，守靈是一件很慎重，很嚴肅的事情。」

一位寡婦在談到她過世的丈夫時指出，守靈的過程對她很有幫助，因為「我看過他在家裡和醫院時，那種痛苦的樣子。當我看到躺在殯儀館裡的他時，我覺得好過多了，因為他們把他修飾得很好，他看起來很好看。」

打電話以及親自到死者家裡去慰問一下，和守靈的功能同等重要。許多宗教都會指示教友，用打電話或者親自造訪的方式，去向死者以及死者的家屬致哀。

由於現代人比較注重隱私，因此許多傳統的喪葬儀式被取消了，雖然如此，現代葬禮仍然延續了某些傳統葬禮的深刻內涵。主張葬禮私人化的人士解釋，他們覺得人情比作秀重要。

雖然安排和葬禮有關的種種事宜，對失親族來說，一定非常的情緒化，然而事實上，最艱難的適應期，其實是葬禮過後的幾個星期或幾個月的時間。可是很少人知道，他們會經歷這段深沈，而且通常是充滿了矛盾感的過程，也很少人知道，伴隨哀慟感一起出現的心理及生理徵狀。

經常有人詢問醫生、輔導員以及神職人員，某某人的某種哀慟行為，是否正常。失親族的親朋好友，常會很緊張的表示，最近才經歷過失親痛苦的某位人士，已經「崩潰了」，而其實這位失親族所表現的，只不過是很正常的哀慟行為罷了。本章所探討的內容，便是正常和病態哀慟行為的某些表徵。在開始探討之前，我首先指出，在動物世界裡，人類並不是唯一會表現特殊哀慟行為的動物。例如，專家發現，猴子和猩猩也具有類似的行為。母猩猩和北印度產的母恆河猴，在新生猴死後的頭幾天，會一直抱著小猴子的屍體四處走動，好像牠不願意接受這個殘酷的事實一樣。生物學家康瑞德・勞倫茲(Konrad Lorenz)也曾經描述過鵝的哀慟行為。而她的描述，和已知的人類哀慟行為，可謂十分類似。「鵝對消失不見的伙伴的第一個反應是，焦急的四處尋找牠。失去伴侶的鵝，會喪失所有的勇氣，牠甚至會拋下最小、最弱的鵝，獨自逃開……。落單的鵝會很快的將自己隱藏到隊伍的最尾端去……。落單的鵝會變得非常害羞，不願親近人類，也不願到餵食的地方去；失去伴侶的鵝也會變得很容易驚慌……。鵝在失去伴侶之後，會重新拾起被自己忽略很久的父母和手足之情。」

有一些專家把正常的哀慟行為，當成一種病態，也有一些專家對這種看法不以為然，後者認為，哀悼行為其實是一種很「正常」的反應，而且在大部分的情況下，都具有自閉傾向。

一九一七年的時候，西格曼德・佛洛伊德(Sigmund Freud)曾經表示，「雖然哀慟行為往往和正常行為相去甚遠，但是我們從來不會把哀慟行為，看成一種病態行為，也不會把哀慟逾恆的人，送到醫院去接受治療。我們心裡明白，經過一段時間後，他們自然會好的，我們並且認為，任何的干擾行為都是不明智，甚至有害的。」

二十世紀社會對待死亡和瀕死過程的態度，很可能會使得人類的哀悼過程，變得更複雜，原因是二十世紀的人，有抑制哀慟行為的傾向。許多現代人將哀慟行為視為一種不體面、不健全或者病態的行為。逝者的親朋好友往往認為，應該設法分散失親族的注意力，以協助失親族「從痛苦的情緒中掙脫出來」，或者從悲劇中逃開來。事實上，爭論哀慟行為是否是一種病態行為，其實根本沒什麼意義。因為幾乎每一個人或者每一個家庭，都會在親人去世後，經歷一段非常嚴重的情緒及心理震盪期。

各個年代的醫生都猜測，哀慟情緒是造成疾病和死亡的重要因素。而近代研究更證實了，失去親人的成年人，不論那一個年齡層，均顯示出相當高的患病率和死亡率。

這些研究工作的統計數據顯示，失去親人的人，可能會因為「心碎」而死亡。一九六七年的時候，威爾斯藍尼德路易斯(Llanidloes)地區的杜威・瑞斯(W. Dewi Rees)醫生，以及統計學家蘇威亞・路特金斯(Sylvia Lutkins)，曾經針對三百七十一位藍尼德路易斯地區死者的近親，作過為期六年的追蹤調查。他們在發表於《英國醫學期刊》上的論文裡指出，所謂的「心碎併發症」的確存在。他們發現，在近親過世的第一年裡，將近百分之五的失親族會跟著死亡，可是在控制組裡，死亡率則低於百分之一。更令人吃驚的是，在配偶死亡的第一年裡，寡婦和鰥夫的死亡率高達百分之十二，可是在控制組裡，死亡率只有百分之一・二而已。此外鰥夫的死亡率（百分之十九・六）高於寡婦的死亡率（百分之八・五）。假如配偶或子女是在住家和醫院以外的地方突然去世的話，失親族的死亡率更會上昇五個百分點，這很可能是因為承受不了近親突然死亡的打擊之故。

為什麼經歷過近親死亡的人，其死亡率比沒有經歷過近親死亡的人高許多呢？瑞斯醫生認為，近親去世所造成的情緒壓力，可能會降低身體對疾病的抵抗力，甚至可能會影響一個人的「生存意志」。羅徹斯特醫學院(Rochester School of Medicine)精神病學家喬治・英枸(George Engel)等人，證實了這種說法，英枸醫生從事由心理問題所造成的生理疾病研究，已經二十多年了。英枸醫生指出，「我們的理論是，有一種叫作『放棄－放棄』的複合心理狀態，處在這種狀態裡的人，沒有辦法接受親人去世的事實，他們會覺得非常無助和無望。比方說，假如他們是糖尿病患的可能人選的話，在心理壓迫感很重的時候，疾病很可能會出現在他們身上。」

鰥夫的死亡率之所以會比寡婦高，很可能是因為鰥夫和寡婦心中所承載的情緒壓迫感不同之故。一般而言，外人比較期待，女人本身也比較願意，自由的發抒心中的情緒，而男人則比較拘謹。「男人是不哭的」，社會鼓勵男人「抿起嘴巴，堅忍到底。」

研究顯示，失去親人的人比沒有失去親人的人，更經常產生失眠、發抖、作惡夢、一般性神經緊張以及沮喪等徵狀。此外，諸如頭痛、嘔吐、消化不良、飲食過量、味口不佳、胸痛、經常受病菌感染以及身上發癢等精神性身體徵狀，在剛經歷過失親痛苦的族群裡，也非常普遍。

有些時候，失親族也會產生導致親人死亡的某些症狀。至於為什麼哀慟情緒會造成這種現象，目前尚不清楚。雖然如此，專家卻指出，假如醫生對剛發生的，或者即將要發生的失親之痛，會對病人造成那些影響，具有較為深入的認識的話，許多因哀慟情緒而導致的生理不適現象，很可能可以避免，或者被有效的控制住。當然，病人必須願意和醫生溝通。許多醫生認為，當病人承受著極大的心理壓力時，不妨鼓勵病人多和醫生溝通，如此不但可以協助病人比較順利的渡過正常的哀慟期，而且病人也比較不會留下生理或心理上的後遺症。

紐約芒提菲歐醫院(Montefiore Hospital)的艾耳佛瑞德・偉那(Alfred Weiner)醫生等人，曾經針對失親族第一年的生理、心理和社交問題，作過一番研究調查。這位精神病學家解釋，

「我們認為，失親族最大的問題之一是，不願意和其它的人交往。根據某些精神病學著作所陳述的證據來看，失親族的問題泰半是由他們心中解不開的罪惡感造成的。」

每一位成年人遲早都得經歷哀慟的過程。雖說從統計學的角度來看，因親人過世而致「心靈受傷」的人會產生哀慟感，乃是一件很正常的事情，但是哀慟的過程，的確會造成生理和心理上的問題。大部分的人都能接受事實，並且選擇一些適合自己的方式，去進行哀悼工作。但是也有一些人無法化解心中的悲傷，因此拼命設法延緩或者壓抑心中的哀慟感。然而，這種作法是解決不了問題的，因為這股哀慟感，早晚會自己爆發出來，或者藉著其它的異常行為表現出來。悲傷與哀慟過程最基本的功能是，幫助生者拋開和逝者的關係，以便生者重新振作起精神建立新關係。因此對失親族最有幫助的方法是，鼓勵他們表達心中的感受，包括思念、憤怒、畏懼、沮喪、驚慌、無助、絕望以及空虛等感受。偉那醫生表示，無法感受內心情緒的人，即是那些「在心理、生理或社交上有問題的人。」

為了幫助失親族順利的渡過哀慟過程，偉那醫生和他的同僚，特別提出了一個計劃，以便讓失親的人，能夠得到專業輔導人員、一般性精神病護士或者精神病社會工作人員的幫助。這個由紐約州布朗克斯市茳提菲歐醫院負責推動的計劃，是一種主動出擊式的計劃。也就是說，一般而言，並不是由失親的人前去尋求幫助，而是由逝者的家庭醫生通知這個計劃的工作人員，某某人可能需要幫助，再由該計劃的輔導員，主動打電話給失親的家庭或個別人士，介紹這個計劃。這個計劃為失親的人提供各式各樣的服務，包括法律協助在內。

某些即將失去親人的人可能會表示，他們對這個計劃沒有興趣，如果碰到這種情形的話，該計劃的工作人員會秉持不屈不撓的精神，和這些人聯絡好幾次。如果碰到不肯講話的顧客，該計劃的輔導員會試著幫助這些人，表達出心中的感受。一般而言，這個計劃非常成功。一位輔導員指出，她一共聯絡過八十幾位人士，其中只有三位人士不肯接受任何形式的幫助。但是這位輔導員指出，有許多人在剛開始的時候，不肯接受幫助，也不願意表達心中的感受，因為「他們想讓你覺得，他們非常獨立，他們不需要任何幫助。」「問題是，當我們打電話給他們的時候，我們發現，他們根本不肯掛電話。我們說得愈多，他們變得愈開放，即使非常獨立的人也不例外。我們必須幫助人們瞭解這個計劃的服務性質。通常，人們很不願意接受心理方面的協助。」

另外，在菲立士・蘇耳福門(Phyllis R. Silverman)主任的領導下，哈佛大學醫學院的社區精神病實驗室，也推出了一個專門協助寡婦的計劃。這個計劃的名稱是「寡婦對寡婦」，而這個計劃的前導研究顯示，「大部分的人不太願意接近家中有喪事的人，而且一般人所提供的協助，往往很陳腐、很表面化，因為大部分的人並不清楚，應該給予失親的人什麼樣的協助，才能使他們順利的渡過失親的痛苦過程，重新建立起新的人生。」

哈佛計劃的服務對象，全部是波士頓地區，六十歲以下，丈夫剛去世的婦女。從這個計劃的名稱不難看出，提供服務的人，也是住在波士頓附近的寡婦，她們和她們所訪談的服務對象，並不認識。為了提供適切的服務，提供服務的人不但是寡婦，而且她們的宗教信仰和族裔背景，也和接受服務的人差不多。

初期的接觸是電話訪談，而電話訪談的次數全視顧客的需要而定。大部分的顧客和服務人員最後都會見見面。這項計劃的結果非常令人滿意，有百分之六十的顧客願意接受幫助。蘇耳福門醫生指出，拒絕接受幫助的人大都表示，「她們有家人協助，而且她們不習慣接受外人的幫助。此外，她們也似乎急於表現自負和足以勝任的形象。」

哈佛大學醫學院以及茫提菲歐醫院的計劃，有一個非常有趣的共同點，那就是，失親的人不必主動去尋求幫助。蘇耳福門醫生表示，本來就應該如此，因為「陷在哀慟情緒裡的人，連張口要求幫助都很困難，更別提在事情發生的時候，要他們打起精神去尋找一個可以幫助他們的機構了。」

這對失親的人來說，是非常正常的行為特徵之一。正常的哀慟過程，可能具有幾個階段，而失親族以及失親族的親朋好友，對這幾個階段應該有所認識，因為醫生和精神病學家所提供的化學藥物和診療設備雖然有幫助，但是最有效的治療方式，其實是親朋好友的諒解。誠如馬克白(Macbeth)❷所言，「假如說傷心真的有用的話，那就是，雖然它不能使哀慟情緒馬上消失，但是它可以修補破碎的心，使之重獲自由。」

倫敦塔維斯塔克人類關係學院精神病學家莫雷・帕克斯(C. Murray Parkes)，在一項針對寡婦所作的研究調查中指出，他發現寡婦一般會經歷三個連續性，而且互相重疊的哀慟階段。第一個階段是麻木，這個階段會在丈夫死後，持續數小時或者數天之久。一位寡婦描述她這個階段的感覺是，「猶如行走在地獄的邊緣」。這位女士指出，當她聽到丈夫去世的消息時，她「什麼感覺都沒有」。她故意不去感覺心中的恐懼感，以免被它們吞噬，而致精神崩潰。

第二個，也是最激烈的一個哀慟階段是思念和抗拒。除了哭泣之外，這些女性還會將她們的注意力，集中到和過世的丈夫有關連的地點和事情上去。許多女性甚至繪影繪聲的描述，她們看到死去的丈夫，或者聽到他的聲音。一位寡婦指出，「我夢到他躺在棺材裡，棺材的蓋子蓋著的，可是突然之間，他活過來了，而且站在棺材外面。我望著微張著嘴的他，心裡想，『他活過來了。感謝上帝。我又可以和他說話了。』」

帕克斯醫生並且指出，寡婦會用各式各樣的方法，去追念死去的丈夫，比方說：模仿他

❷（譯者註）馬克白(Macbeth)：莎士比亞筆下的悲劇人物。

的行為或思想、產生造成她丈夫死亡的一些生理病徵、幻想死去的丈夫附在自己或孩子身上等等。處在第二個，也是最激烈的一個哀慟階段的寡婦，通常會出現失眠和食慾不振的現象。然而，這種情緒上的張力，不會一直持續下去的，這個階段過去之後，她們會產生一種比較平靜的感覺。為了使自己平靜下來，她們會用抗拒、不相信、選擇性的忘記，或者愉快的幻想死去的丈夫等防禦反應，去達到這個目的。

第三個哀慟階段是一種冷漠、漫無目標、毫無頭緒的感覺，以及一種「不願意去思考未來，以及覺得生命沒有任何意義的感覺。」在帕克斯醫生調查的對象當中，有將近三分之二的婦女，在丈夫死後一年，仍具有這些徵狀。

羅勃・安德森(Robert Anderson)在〈我從不曾為父親唱過歌〉一劇中的開頭與結尾寫到，「死亡只能結束一個人的生命，不能結束一個人的關係，這些關係會一直掙扎地留存在生者的腦海裡，掙不脫，也解不開。」

的確，失去親人的人，也等於失去了他或她一部分的生命。許多失親的人指出，「我覺得自己生命中的某些部分，從此消失了。「失親的人會產生一種麻木感，殘酷的事實實在令人難以接受。親人去世的頭幾天，失親的人會經歷所謂的「慌亂打擊感」。慌亂打擊感的徵狀包括：焦躁感、心悸亢進、流汗、冥想死去的親人、喉頭發緊以及淚水豐富。親人去世的頭一個禮拜，失親的人幾乎不能成眠。這以後，失親的人會產生精神病學上所謂的分離焦躁感，失親的人會試圖搜尋過世的親人，這是一段冥想和思念逝者的時期，帕克斯醫生在寡婦的哀慟行為研究裡，發現過一樣的現象。

一份綜合精神病學家對哀慟行為看法的調查報告指出，大部分的精神病學家認為，正常的哀慟過程具有三個階段。第一個階段是短暫的震驚期，第二個階段是強烈的哀慟期，第三個階段是復原期。

有些時候，老年人的哀慟反應會遠比年輕人來得輕微。這可能是因為老年人對某些特定的失落感，已經預先作了一番心理準備；也可能是因為老年人已經承受過許多次失落打擊，以致他們對失落感有一點免疫了。許多老年人的孩子離開家獨立了，他們多半已經退休，他們的父母和某些朋友也已經去世了，凡此種種，都是失落打擊。

老年人對配偶或朋友的死亡，多少有點心理準備，就像年經人對年長親人的死亡，不會太感意外一樣。山繆・李爾門(Samuel Lehrman)醫生指出，「假如死者是年紀很大的人，而且生者對他的死亡早有心理準備的話，生者的哀慟反應通常會比較正常。在這種情況下，哀悼過程通常會進行得很快，因為某一部分的哀悼工作……，在死者過世之前，已經完成了。」

所謂前發性或預備性哀慟過程即是指，生者在親人還沒有去世的時候，便開始進行哀悼工作了。當一個人知道自己的親人得了不治之症或者已經病入膏肓的時候，便會出現這種現象。前發性哀慟過程通常沒有震驚期，因為生者對親人的死亡，已經預先作了一番心理準備，朋友也表達過慰問之意，而且生者通常在親人過世之前，便開始哀慟了。在這種情況下，生者只不過是在慢慢的接受事實。雖然當事實愈來愈明顯的時候，生者已經開始品嚐那份尖銳的哀慟感了，但是當親人真的去世之後，生者仍然會經歷激烈的哀慟階段。

茫提菲歐醫院失親者計劃社會工作部門主管戴莉亞・貝汀(Delia Batin)太太表示，她們在輔導失親族的時候，通常「會鼓勵他們暢談過世親人的各種生活細節，從戀愛、結婚、家庭聚會到整個人生。」好的，壞的都談，因為失親族最普遍的問題是罪惡感。而失親族的罪惡感，可能來自和逝者長期的不睦，也可能來自和逝者之間的小爭執。生者也可能會反覆思考，在逝者死前那幾天，應該為死者多作那些事情。最典型的反應是，「我應該早兩天打電話給醫生的。」配偶或父母甚至會因為自己還活著，沒有任何其它原因，而感到自責。

失親族的罪惡感，還可能來自對逝者的怨恨。一位年輕的丈夫說，「我知道我太太沒辦法控制自己的生死，但是有時候我還是會忍不住生她的氣，我氣她不該拋下我和我們的女兒。」怨恨是哀慟行為的另一個特質。一個人可能會怨恨，為什麼他所愛的人死了以後，這個世界還是和以前一樣。他也可能會氣逝者，為什麼狠心拋下他；此外，他還可能會怨恨醫生「殺了」他心愛的人，或者沒有盡心盡力救治他心愛的人。有一家人由於對老姑媽的去世感到非常傷心，因而將怨氣發在醫生頭上，這家人怨恨醫生「沒辦法讓她活到一百歲再死。」上帝和神職人員也有可能成為怨恨的對象，因為有些人認為，是祂或他們「讓這件事情發生的。」

當我們去探望失親族的時候，我們不但應該對這種怨恨情緒有所準備，而且還應該諒解怨恨情緒對失親族的重要性。失親族口裡所攻擊的目標，其實並不是他們心目中真正的怨恨目標。失親族所表現的憤怒、漫罵等情緒化反應，只不過是在發洩他們心中極度的沮喪感罷了。

雖然這種情況往往很難處理，但是我們仍然應該鼓勵失親的人討論，並且發洩出心中的怨氣。我們不妨耐著性子，平心靜氣的告訴失親的人，他自己以及醫生都盡力了。這樣的話，或許他們心中的罪惡感，可以稍微舒解一些。

除了怨恨之外，失親的人還會產生一種孤獨感和被拋棄的感覺。孤獨感會令人感到非常害怕，尤其當去世的人，是長相廝守的伴侶的時候。在這種情況下，親朋好友不但應該經常表達對失親者的關懷，而且應該持續好幾個月，而不只是幾天或幾個星期而已。讓失親的人覺得自己被需要，可以使失親者的孤獨感，減輕許多。比方說假如一位年輕女性的父親剛過世的話，她不妨請新寡的母親，幫忙帶帶孩子，這對她的寡母來說，既有意義，又具有治療效果。

我曾經在前面提過，失親的人很難開口要求幫助。因此親朋好友如果告訴他們，「有需要的話，請隨時打電話給我」，或者「要我幫什麼忙都可以，你儘管說好了」，其實等於沒有幫他們任何忙。邀請失親的人出來吃頓飯，出去走一走，或者買點他們喜歡吃的食物或小東西送給他們，是很好的方式。一般而言，失親的人不會拒絕這種實質的幫忙，再說這種作法，也可以很實在的表達出我們的關心與同情。理想上，我們對失親族所表達的特殊關懷，應該持續幾個月。而許許多多失親的人，實在非常需要這些幫助與支持。

不幸的是，失親族的親朋好友，往往會故意避開失親的人，就好像他們故意避開瀕死的人那樣。失親族的親朋好友，不但對失親族所表現的焦躁、痛苦和傷感很不自在，而且他們往往不知道應該怎麼樣處理自己的焦躁感。由於他們不知道該說些什麼才好，因此他們常常會搬出，「別提那件事，免得姑媽難過」之類的藉口。

這一類的話究竟是不是藉口呢？偉那醫生很直接的表示，「這些都是廢話。你能為失親族作的最好的一件事情便是，和他們談談去世的親人。」因為失親族可以藉這個機會回顧一下親人在世的時光，而說出心中的感受，可以幫助失親族體驗自己的失親經歷。通常，失親族的親朋好友很怕失親族會忍不住痛哭流涕，或者過度感傷。其實，這正是失親族最需要作的事情，因為唯有把埋在心中的悲慟感發洩出來，失親的人才能重新拾回正常的生活。當然，失親族的親朋好友也可能會作過了頭，經常鼓勵失親族談論去世的親人。如果發生這種情況的話，失親族不妨告訴親朋好友，該談的都談過了，此時此刻已經沒什麼可談的了。而善體人意的人一定明白，失親族真正需要的，可能只是關心親朋的陪伴而已。

和失親的人詳細討論他們可能會產生的情緒反應，也有助於失親的人面對事實。剛經歷失親之痛的人，會想、會說，甚至會半信半疑的認為「這不是真的」，「這只是一場夢」，或者「她只是出遠門去了」。有一位女士在丈夫去世的頭六個月裡，每天都在晚餐桌上放兩副餐具，一心等待丈夫回來。還有一些人會出現幻覺，看到幻象。失親的人會把心思全部放在思念過世的親人上，他們會把注意力投注在和過世親人有關的地點和事物上。失親的人也可能會經常造訪親人去世的醫院，以及埋葬親人的地方。許多人在親人去世的頭三至六個月裡，不捨得丟掉過世親人的任何衣服。也有一些人堅持家中的擺設必須保持原狀。比方說：過世親人的照片必須放在外面，過世親人的煙斗和拖鞋得放在原處，過世親人的領帶得掛在原來的地方等等。

J太太在丈夫去世以後，每天晚上六點鐘的時候，都會「看到」她先生躺在病床上。剛開始的時候，她對這個現象感到很驚慌。直到J太太和茫提菲歐醫院的一位社會工作人員談過話之後她才明白，原來這是因為那個時間乃是她一天當中最寂寞的時刻。晚上六點鐘，是J太太的丈夫下班回家吃晚飯的時間。由於J太太「需要」看到她的丈夫，因此她看到了。雖然J太太看到的是躺在病床上，奄奄一息的先生，但是至少她先生還活著，還躺在那裡。這個經驗對J太太來說，具有正面價值。當她的哀慟感逐漸消褪之後，這個幻象也隨之消失了。

還有一些失親的人，會聽到熟悉的聲音；比方說：鑰匙開門的聲音、車庫門打開的聲音、上下樓梯的聲音等等。失親的人也可能會發現窗外的街道上，有一個和過世的親人很相似的身影。這時，他們很可能會告訴自己，甚至大叫，「啊！他終於回家了。」而那一瞬間，失親的人的確認為過世的親人回來了。

有一位五十七歲的男士指出，他太太去世的頭幾個星期，他每天晚上睡覺的時候，都覺得她太太仍躺在他身邊。他可以聞到她的味道，感覺到她的存在，甚至可以聽到她發出來的聲音。在他的意識裡，她的確在那裡。

偉那醫生表示，「有這種經驗的人並沒有發瘋，這是很正常的現象。有人可能會想，『我是不是瘋了？』答案很簡單，『你並沒有發瘋，這是一種哀悼反應。』」

假如寂寞感、幻象以及生理徵狀等哀悼反應，隸屬於正常的哀慟行為的話，那麼什麼樣的哀悼反應，隸屬於病態，或者具有嚴重騷擾性的哀慟行為呢？

當然，這個問題很難用具體的話去回答，因為每個人的常態範圍，都不太一樣。但是戴莉亞・貝汀太太指出，病態哀慟行為的訊號之一是，不哭泣。貝汀太太表示，「不哭泣是不正常的。我對那些表現出什麼事情都沒有發生過的人，也很懷疑。」換句話說，病態哀慟行為最常見的表徵之一是，缺乏肉眼可以察覺出的哀慟行為。偉那醫生更進一步指出，「如果哀慟行為影響一個人的社交生活過久的話，表示這個人的哀慟行為不太正常。比方說：不肯外出，不肯工作，開始喝酒，或者出現其它類似的問題等等。」但是如果失親的人幾天幾夜，甚至幾個星期睡不好覺；開始時食慾不振，後來又暴飲暴食的話，乃是很正常的事。就連興起自殺的念頭，都很正常。

貝汀太太表示，「人們對自己會產生自殺的念頭感到很害怕，其實這很正常。我看過很多這種例子。以前我聽到有人想打開瓦斯自我了斷的時候，也覺得很害怕，可是我現在發現，這些其實是很正常的感覺，而幫助失親的人表達這些感覺，是一件很重要的事情。」精神病學家指出，大部分表明自己想自殺的人，其實並不是真的想死。這些人只不過是想吸引更多的關注、愛、諒解和友誼罷了。雖然如此，如果有人一再表示很想自殺的話，馬上找一位專家幫助他，絕對是明智的作法。

在輔導了將近一百位失親族之後，貝汀太太發現，失親的人也會產生一種疑神疑鬼的心態。「我再次聲明，這是很正常的事情，因為受傷的人通常會變得比較敏感。而這股敏感，會使得一個人注意他人在行為和態度上的一些小節，並且認為這些小節『很不友善』，疑神疑鬼的心態，的確會造成這種結果。當然，疑神疑鬼的形式和程度，因人而異，但是假如一個人的偏執狂變得很明顯，很公開的話，那可能就是一種病態了。」

有一位六十四歲的家庭主婦，她的丈夫在心臟手術後不幸死亡，而這位女士在丈夫過世後，產生了一種非常少見的偏執幻想。這位女士和她的丈夫一直相處得不太好。他們不但分居過好幾次，而且還常常吵架。這位女士在丈夫去世後，便很少和親戚朋友來往，而且她的疑心病也愈來愈嚴重。她不但指控醫院和醫生謀殺了她的丈夫，而且還聘請了一位律師，控告外科醫生和醫院失職。當律師發現她的偏執心態後，更進一步遊說她擴大控告的範圍。在律師的幫助下，這位女士找了一位精神病醫生治療自己的問題。精神病醫生用藥物和心理療法去治療這位女士。在治療的過程中，這位女士一點一滴的回憶她的婚姻生活，並且悲悼丈夫的去世，漸漸地，她的心態變得比較正常了。

至於究竟正常的哀悼過程會持續多久，則實在很難講，因為這個問題並沒有標準答案。以前的精神病學論著指出，大約會持續三至六個月。可是近年來，精神病學家愈來愈不重視這個時段。他們發現三至六個月的時間並不正確。偉那醫生表示，「我們發現，哀悼過程可能會持續一年、兩年、甚至更久。而且就某種程度而言，一個人的哀悼過程永遠都不會結束。」

約翰・辛頓(John Hinton)醫生曾經在《瀕死》一書中，針對哀悼過程的長度指出，「一般而言，哀悼過程有一個公認的長度。但是事實上，每個人的哀悼過程在長度上都不太一樣。通常，心裡最感痛苦的時期，大約會持續一、兩個星期，甚至好幾個星期……。在精神病學界和日常生活裡，我們經常會碰到悶悶不樂的失親族，許多人在親人過世許多年以後，仍無法釋懷。」

因此，對失親族影響最大的因素，不是哀悼過程的長短，而是哀悼過程的進展。而這個進展的衡量標準是，失親的人是否能夠逐漸恢復失親前的正常生活。另外，個體在失親後，是否能夠重新建立起新關係，以及是否能夠在沒有罪惡感和羞恥感的情況下，重享歡樂，也是很重要的復原因素。然而，可以預期的是，由於結婚週年紀念日或某些特殊的物品，會使失親的人憶起逝者，因此每當失親的人面對這些日子和東西的時候，他們心中都會湧起一陣痛楚。這種情況可能會持續好幾個月，甚至好幾年。

許多人第一次經歷失親之痛時，會請醫生開些藥物給他們服用。他們會告訴醫生，「我沒辦法睡覺，也吃不下東西，醫生，你能不能開一點藥給我？」有些醫生會默默的開藥給病人，什麼問題都不問，可是把改變情緒的藥物，來者不拒的開給失親族的治療作風，已經引起了一些爭議。許多專家反對這種作法，除非情況特殊。雖然如此，讓病人服用很溫和的鎮定劑，仍然，而且很可能一直會，非常普遍。

偉那醫生表示，「我不認為大部分的人需要靠藥物去平撫失親的創痛。我認為最好的鎮靜劑，或者情緒提昇劑，乃是他人的安慰。我不認為由失親所導致的情緒問題，會嚴重到需要吃藥的地步。這就好比用一根大棒子，去殺一隻蒼蠅一樣。不幸的是，許多人這麼作。時下的文化是，只要一個人稍微感到有點頭疼，他就非得吃點藥才行。」

的確，一個人可以用不同的方式，去面對生命中的危機。他可以把自己的身體和精神搞垮掉，他也可以在痛苦中成長。開過多或過重的藥物給失親族服用的醫生，很可能反而害了他們。一般咸認，在適當的支持與輔導下，某些痛苦其實具有治療效果。由於哀慟過程有它自己的法則，因此許多精神病學家認為，如果哀悼過程很正常的話，實在不需要服用改變情緒的藥物。

羅徹斯特大學(University of Rochester)醫學院的虛梅爾(A. H. Schmale)醫生指出，「正常的哀悼過程，是無法用藥物等外在因素，去加以延緩或改變的。」

當然，假如病人非常，非常痛苦，以致有很嚴重的沮喪和失眠現象的話，大部分的專家一定同意，這些人可能需要服用一段時間的藥物。無論如何，醫生如果要開鎮靜劑、興奮劑或者抗沮喪劑等藥物給病人的話，一定要非常謹慎，而且切不可來者不拒。專家指出，對失親族而言，化學治療法最危險的地方是，醫生只告訴他們「這是你的藥，再見」，而不提供更重要的治療，那就是，諒解。

第八章　死亡與遺體冷藏

「死亡，你這該死的東西！」

——約翰・唐(John Donne)，《別讓死神太得意》

一九六八年七月二十八日，星期天，二十四歲的史提夫・傑・曼德耳(Steven Jay Mandell)病逝於曼哈頓市的哥倫比亞長老會醫院。他的死因是慢性腸炎和併發症。

然而，這位年經人雖然死了，但是他既不會被土葬，也不會被火葬。他的屍體不會化成灰，他身上的器官也不會移植給別人。他是美國歷史上第七位接受遺體冷藏的人，他希望有朝一日能夠復活——不論需要等多久。

病了相當一段時間的曼德耳，在死前七個月，加入了紐約遺體冷藏協會，這個協會鼓勵人們死後將遺體冷凍起來，等他日科學進步到可以醫治造成死亡的疾病時，再將冷藏的遺體拿出來解凍醫治。曼德耳決定試一試自己的運氣，看看自己將來有沒有希望復活。於是這位紐約大學航空工程系的學生，死後被冷凍了起來。

醫生一宣佈曼德耳的死訊後，曼德耳的姑媽立刻通知了紐約遺體冷藏協會(CSNY)。紐約遺體冷藏協會的記錄指出，「由於本會會員曼德耳先生，向艾特那保險公司投保了一萬美元的人壽保險，受益人是他的母親，因此我們決定立刻採取行動。」

接下來，長島聖傑姆斯殯儀館主任佛烈德律克・洪（Frederick Horn），開車去醫院認領了曼德耳的屍體，並且將屍體帶回殯儀館。紐約遺體冷藏協會的冷凍小組，在接獲通知後，立刻備齊了冷凍遺體所需要的設備和物品，先後來到聖傑姆斯殯儀館，洪每年在這棟建築物裡，舉行五十多次傳統葬禮。

洪到醫院認領曼德耳的屍體之前，曼德耳的屍體一直存放在醫院停屍間的冷藏庫裡。從醫院到聖傑姆斯市一個多小時的路程中，曼德耳屍體的四周堆滿了冰塊。星期天下午，曼德耳的屍體運抵殯儀館的防腐間，洪將屍體放到工作檯上，為屍體作了初步的防腐工作。穿著白色制服的CSNY組員，看起來猶如科幻電影裡的特種部隊，他們不斷在屍體四周，添加冰塊。洪在曼德耳的血管裡，注射了一種保護性的化學溶劑，這道手續的目的是，將細胞的凍傷率，降至最低程度。至於從曼德耳頸動脈注射進去的甘油和林嘉氏溶液混合劑，則會在一具機械心臟唧筒的帶動下，慢慢地在曼德耳的全身循環流動。為了在曼德耳的體內，注入足夠的人體防凍溶劑，曼德耳頸靜脈裡的血液，全部被排掉了。

當這些灌注手續完成之後，曼德耳的屍體被放到一個裝滿了冰塊的塑膠帶裡降溫。數小時後，曼德耳的屍體被移到一個裝滿了乾冰的通心草盒子裡，暫時保存。

第二天，星期一，殯儀館為曼德耳舉行了一個追悼式。大約有四十五位曼德耳的親友參加這個儀式，他們都見到了躺在通心草盒子裡，用乾冰保持冷卻的曼德耳屍體，被緩緩推到教堂裡去的情形。

洪指出，「當猶太教牧師為曼德耳舉行追悼儀式的時候，他注意到全場沒有一個人掉眼淚，他在講道的時候說，這是他第一次看到死者的親朋好友，有這樣的反應。他說，『場中沒有悲傷的氣氛。』」

第二天，曼德耳的媽媽波琳・曼德耳太太，在殯儀館內靜得出奇的會客室裡表示，「我想在這種情況下，失親的痛苦會比一般正常情況少許多，尤其當你還抱著一線希望的時候。我想我的牧師表達得非常好——在那又長、又黑的通道盡頭，有一線曙光。」

曼德耳太太指出，她兒子和她討論過好幾次遺體冷藏的事，她並不反對這件事情。曼德耳太太指出，「我兒子可以洞察未來的科學發展。他對未來的科學發展很有信心，只要我兒子還有一點希望，我們就只有得，沒有失。」

大約一個月之後，史提夫・曼德耳的屍體，被安放到一個十呎長的液態氮筒子裡，筒內的溫度是華氏零下三百二十一度，這個筒子目前存放在紐約州柯倫市的華聖頓紀念墓園裡。這個造價四千美元的筒狀膠囊，外觀和熱水瓶很相似，為了保持筒內的溫度，必須定期為其添加液態氮。定期添加液態氮的工作，由遺體冷藏協會的人員負責執行，一般社會大眾無法看到這個筒狀膠囊。

冷藏組織，以及為求永生而冷藏遺體的作法，其實並不新穎。擁有有限生命的人類，從不曾放棄過追求永生。有些人追求肉體的永生，有些人追求靈魂的永生，有些人兩者都追求。

現代人對埃及的木乃伊(mummy)非常傾倒；到博物館參觀木乃伊的人，可謂絡繹不絕。從許多角度來說，現代人對這類古物的迷戀程度，象徵著人類渴望永生的心理。mummy這個字，很可能源自阿拉伯文中的mumiya，意為松脂，或瀝青，這是埃及人所使用的眾多屍體防腐材料中的一種。而這兩個字的相似性，使得歐洲掀起了一場駭人聽聞的醫學實驗。歐洲人用松脂磨成的膏，去醫治燒傷和其他傷痛；一般的服用方法是，把松脂膏和在溶液裡喝掉。

用來醫治傷處的松脂，本來取自埃及人的墳墓，但是後來有人謠傳，有些藥膏根本就是用木乃伊的碎片磨成的。而直到上個世紀，還有人使用木乃伊磨成的藥膏呢！從醫學的角度來看，我可以很確定的說，這種藥的價值不是不高，便是完全沒有價值。

古埃及人如果知道後人對他們精心保存的屍體這般無禮的話，他們一定會十分震驚的。他們雖然認為人類的靈魂和肉體是分開的，但是他們將不朽的靈魂與屍身的保存，連結在一起，因此他們非常重視屍身的保存。

其它的文化也有類似的屍身保存技術。印加人便認為，他們的統治者不會真的死掉，有一天，死去的統治者還會回來統治他們的。因此，印加人把死掉的統治者作成木乃伊，放在一棟別館裡，按照他們生前的樣子對待他們；他們幫這些木乃伊趕蒼蠅、作飯，當家人找這些木乃伊商量事情的時候，這些木乃伊還會透過專屬祭司回答家人的問題呢！每逢重大慶典，所有死去的君王都會「去」印加首都，參加特別典禮。每一位過世君王的豐功偉業，都會被記錄在歌舞當中，過世的君王也會透過自己的子嗣互相乾杯。

一五三三年，當印加王國被西班牙征服的時候，印加王國的君王木乃伊，已經有九具之多。照這樣看起來，印加王國恐怕也維持不了太久了，因為照顧九位過世君王的行館，實在是一筆相當龐大的開銷。

有些木乃伊和美國文化有點淵源。死於一八三二年的英國哲人傑若米・賓漢(Jeremy Bentham)認為，將骨骸保存下來，對後世有幫助。因此，當賓漢死的時候，專家從他的遺體中取出骨骸，重新組合。這具骨骸罩著一件賓漢生前穿過的衣服，端坐在一個玻璃櫃裡，骨骸上的頭是用蠟製成的，這個櫃子目前存放在倫敦的大專學院(University College)裡。今天，人們可以在那裡看到賓漢的遺骸，以及放在骨骸兩腿之間，被做成木乃伊的真正頭顱。

班傑明・富蘭克林(Benjamin Franklin)曾經提出過一種屍體保存法，他希望這個保存法可以使去世的人，日後重新復活。富蘭克林在一七七三年寫給巴伯耳・杜伯格(Barber Dubourg)的信中表示，「我希望這個事件能夠幫助我發明一種保存溺死者遺體的方法，以使他們將來重新復活——不論多久之後。」

富蘭克林的構想是，把屍體放在酒裡面。他信中所說的「事件」，發生在一個仲夏日的午後，當時，他坐在費城家裡的陽臺上，和三、五朋友聊天。富蘭克林叫傭人去酒庫取一瓶葡萄牙酒。酒拿來之後，富蘭克林打開酒瓶，為朋友斟酒。斟酒的時候，富蘭克林看到有幾隻果蠅，從酒瓶上掉到朋友的酒杯中。有一位朋友表示，他聽說如果把果蠅放在太陽下晒一會的話，可以使果蠅活過來。

富蘭克林如法炮製後，據說果然有三、四隻果蠅拍了拍翅膀，蠕動了幾下，展翅飛去。

富蘭克林見到這個現象立刻表示，「我希望我和我的朋友死了以後，我們的遺體可以浸在一大桶酒精裡存起來，在未來的某一個年代裡，我們可能會復活，一睹人類那時的成就。」

事實上，的確有人曾經使用酒精為屍體防腐，只不過當時的目的，並不是為了使過世的人將來復活。一八五七年的時候，有一位名叫南茜・馬丁的少女，不幸死於海上，由於她的父親不願意舉行海葬，因此他將南茜的遺體泡在一桶酒精裡運回國。這個桶子以及桶裡盛裝的東西，目前埋葬在北卡羅萊納州威明頓市的歐克斯戴耳墓園裡。

某些奈爾森爵士(Lord Nelson)[1]的傳記指出，這位海軍將領的遺體，是被浸泡在一大桶

---

[1]（譯者註）Lord Nelson：奈爾森爵士的全名是Horatio Nelson，生於一七五八年，死於一八〇五年。他是英國史上最著名的海上英雄。他十二歲的時候投身海軍學校。一七九三年英法戰役爆發後，他受命指揮擁有六十四門砲的「戰神號」軍艦。一七九四年，他在戰役中失去右眼，次年，他又在戰役中失去右手。一七九八年八月，他銜命摧毀護衛拿破崙進攻埃及的艦隊，結果大獲全勝，因而解除了英國被拿破崙侵略的危機。一八〇五年十月，奈爾森在和法國及西班牙軍艦對役的時候，從「勝利號」軍艦上打出，「英國期望每一位公民善盡自己責任」的訊號，這句話從此成為英國人的口號。奈爾森在戰役中受了重傷，艦上的旗長將他抱到船艙中，他死前最後的話是，「感謝上帝，我盡到了我的責任。」（資料來源：英文版《大英百科全書》）

甜酒裡，從綽發爾加(Trafalgar)❷運回英國的。很明顯的，為了找出最完美的遺體保存法，人類試驗過各式各樣的方式。

其中一種方式是冷凍。大眾傳播媒體偶而會報導，在冰河中發現了史前動物的冰凍屍體，或屍體的一部分。當然，很可能早在人類懂得使用冷藏法去保存食物以前，人類已經發現了寒冷的價值。史前人類一定想過，為什麼春雪剛化的時候，埋在雪裡的冷凍野獸，吃起來和剛死的野獸一樣美味？

喪葬業者老早就知道用冷藏法去保存遺體。一位防腐人員表示，和大部分的化學反應一樣，「熱會加速屍體的僵化，冷會延緩屍體的僵化。將屍體冷凍起來，可以防止屍體的僵化，但是只要一解凍，僵化的現象會立刻出現，並且會持續一小段時間。」

在冰箱發明之前，喪葬業者使用冰塊和冷空氣去保存遺體。然而，當時的喪葬業者，顯然並未打算用冷空氣去長期保存遺體。一八四六年的時候，二位巴爾迪摩市(Baltimore)的喪葬業者C・A・川普(C. A. Trump)以及羅勃・佛瑞迪律克(Robert Frederick)，申請到「屍體冷藏冰箱」的專利權。但是早在一八四三年的時候，費城的約翰・古德(John Good)，便曾經根據冰塊冷藏的原理，製造了第一座「屍體保存器」，並且申請到專利權。

❷（譯者註）綽發爾加(Trafalgar)：是一個海灣，位於西班牙。（資料來源：英文版《大英百科全書》）

後來又有人發明了冷卻板和屍體冷卻器，並且獲得了專利權，直到十九世紀末期時，仍有人使用這些方法，但是由於許多喪葬業者，習慣用冰塊去保存屍體，因此直到二十世紀初期時，仍有人延用這個古老的方法。

然而，近幾十年來，超低溫生物學(cryobiology)逐漸抬頭。科學家用冷凍法去保存組織和器官，也用冷凍法除去組織和器官，比方說，外科醫生認為，在超低溫度下動手術的效果非常好。kryos在希臘文中，是「凍」或「冰冷」的意思。而超低溫生物學的研究領域是，研究超低溫對生命系統的影響為何。至於製造及維持超低溫度的科技，則叫做起寒學(cryonics)。一位擁護遺體冷藏的人士指出，「屍體冷藏是一張足以囊括所有學門的毯子。」

第一個被冷藏的組織是血液。一九四〇年代末期時，洛克裴勒學院(Rockefeller Institute)的貝索・路耶特(Basile Luyet)醫生發現，絕大多數的牛血紅細胞，在超低溫度中，仍然存活得很好，但是先決條件是必須急速冷凍。如今，急速冷凍人血的技術，已經發展成功，冷凍後的人血，可以保存數年之久，不會受到太大的傷害。百分之八十到百分之八十五的細胞，經過急速冷凍和解凍的過程，仍可以存活得很好。

科學家曾經將整隻金魚冷凍一小段時間後，再予以解凍，結果金魚仍然活著，科學家也曾經將其它小型哺乳類動物，冷凍到接近凝固點的地步（但是尚未凝成固體），結果這些小動物也活得很好，沒有受到太大的傷害。

根據英國《自然》(*Nature*)期刊上的一篇論文，英國一群科學家曾經將老鼠的胚胎冷凍起來，再予以解凍，結果胚胎依舊完好。日本教授須田勇(Isamu Suda)、木戶(K. Kito)以及安達(C. Adachi)曾經將撒滿甘油的貓腦，放在華氏零下四度中，存放了二百零三天。結果他們發現，解凍後的腦波電位記錄(EEG)，幾乎和冷凍前的腦波電位記錄一樣。這些神戶大學(Kobe University)的科學家指出，他們的推論是，「腦細胞其實不容易受到缺氧的傷害。而且看起來，連腦中的神經細胞，都能在事先經過特殊處理的長期存放後，繼續存活。」

問題是，腦波電位記錄究竟可不可以代表貓腦中，類似人類的思考力，甚至理性？它們會不會只是一堆支離破碎的電流活動？無論如何，支持遺體冷藏的人士，把這個實驗當成推廣遺體冷藏的一個有力證據。

另外，一九七二年的時候，三位蘇俄科學家也在《自然新生物學》(*Nature New Biology*)期刊上指出，他們發現，「冷藏屍體不但可以重新恢復動物體內蛋白質的合成機能，而且還可以重新起動動物的重要生命機能——包括呼吸作用、心週期、角膜反射，有些時候，連對刺激的原動反應都會再度開始。」

這批蘇俄科學家將死去的兔子，放在比凝固點高幾度的溫度中。大約一小時後，他們為冷凍的兔子加溫，以使牠們恢復生氣，此時科學家發現，這些動物體內所有器官的蛋白質合成機能，都恢復了，但是牠們腦子和脾臟中的蛋白質合成量，卻非常低。這批蘇俄科學家的結論是，「死後冷藏遺體，可能可以延長生命現象停止到生物死亡之間的時間，因而……增加了死後……重新復活的可能性。」

至少有一種昆蟲，可以在冷凍及解凍後，完全恢復生機，這種昆蟲是產於北美洲的木匠蟻。每逢冬季將至的時候，這種昆蟲便開始製造甘油，然後把自己的身體浸在甘油中。甘油是一種非常好的冷凍劑，然而，雖然這種螞蟻整個冬天都呈冷凍狀態，但是春天一到，牠們解凍後，又會完全恢復生機。

如今，科學界已經可以成功的保存人類和動物的精液了。冷凍後的精液，可以放在液化氮中，保存在華氏零下三百二十一度的冷凍庫裡，達數年之久——有些科學家說十年以上。計劃在世界各地設立精子銀行的紐約伊登特公司(Idant Corporation)，最近成立了第一家精子銀行，該公司指出，現在約有四百個小孩子，是用冷凍精子人工受孕的方式產生的，而這種受孕方式的流產率和先天畸型比率，並沒有增加。用冷凍精子繁殖牛，被使用得非常廣泛，一九七〇年的時候，美國境內用人工授精的方式生產的牛隻，已達五百五十萬頭。美國科學家指出，用這種方式生產的牛，其先天畸型的比率比用自然方式生產的牛還低。

阿肯薩斯大學(Arkansas University)醫學院超低溫生物學家J・K・修門(Sherman)博士指出，「工業界用冷凍精子去繁殖動物的重大成功經驗……，雖然帶來了經濟上的報償，但是這個報償也使得研究人員的科學研究精神，降低了不少。」

「現在雖然已經有精子銀行、血庫以及組織培養細胞銀行，但是截至目前為止，人體銀行可謂連個影子都沒有。換句話說，沒有人研究將冷凍的人體解凍後，人體細胞的功能與結構是否仍維持原狀；也沒有人比較過，冷凍時的細胞狀況和解凍後的細胞狀況，有那些差別。」

雖然冷藏法是儲存人體活器官最保險的一種方式，但是截至目前為止，這種方式尚未成功的儲存過任何一種人體主要器官。連世界上最先進的組織冷凍銀行——美國海軍醫學中心，都只儲存三種組織而已，這三種組織是：眼角膜、皮膚和骨髓細胞。

目前世界上沒有任何儲存心臟、腎臟等重要人體活器官，或者這些器官組織的銀行。原因是，目前人類對冷凍的具體效能還很無知，此外現有的冷凍、儲存和解凍技術，會使這些複雜的器官和有機組織，受到很大的傷害。

雖然目前人類尚未使用冷藏法儲存過任何重要人體器官，但是科學家明白表示，他們很希望作到這一步。人體重要器官冷凍銀行對外科移植手術而言，可謂十分重要，因為這樣比較容易找到相配的組織。而且，萬一器官捐贈人去世的時候，沒有適當的病人可供移植的話，也不會造成浪費的現象。

目前科學家所遭遇的困難之一是，冷凍所造成的結晶現象。形成冰塊的水份，來自細胞的內部，但是這些在顯微鏡下面看起來很漂亮的結晶體，卻會造成許多細胞的死亡。其次，在冷凍的過程中，細胞膜的導磁性可能會改變，微血管會受傷，組織和細胞的電氣化學平衡狀態也會受到干擾。冷凍後，維持生命不可或缺的電解液，會聚集到細胞裡面去，而解凍後，這些電解液似乎無法恢復平衡狀態。因此，解凍的過程，是器官和有機組織受到最多傷害的時候。

然而，從動物體內摘下器官後，如果先用防凍劑沖洗一遍再予以冷凍的話，可以減少冰結晶體的形成和傷害。比方說，用這種方式處理過的腎臟，可以在冷凍後存活二十四小時，並且在放回原屬的動物體內後，恢復部分功能。維吉尼亞大學(University of Virginia)的萊絲莉・魯道夫(Leslie Rudolf)博士，為了降低細胞在冷凍前的新陳代謝過程，曾經試驗過數種不同的化學冷凍劑和沖洗劑，以及不同的壓力。如果降低新陳代謝過程（或者生命過程）的方法繼續發展下去的話，或許有一天，人類可以突破器官冷藏目前所面臨的種種困境。反正，目前人類連冷藏一個活器官，都還有一段很遙遠的路要走呢！

熱中遺體冷藏的人士，採用許多超低溫生物學家發展出來的方法，去冷凍他們的同志。他們希望經他們之手冷凍的遺體，可以妥善保存到可以使冷凍的遺體在解凍後重新復活的未來時代；然而，即使是這些人當中最樂觀的份子，都對這個可能性抱持幾分懷疑。連已經冷藏了十三具遺體的長島聖傑姆斯殯儀館負責人佛烈德律克·洪都坦承，目前的冷藏方式並不理想。

洪指出，「遺體冷藏必須涉及醫生，而醫生都比較保守。醫生不會作任何可能會影響自己聲望和事業的事情，這是為什麼他們行事非常保守謹慎。但是我們有所突破。有史以來第一次，某些醫院願意幫助我們，某些醫生願意參與我們的工作。雖然這是在我們冷凍了十具、十二具、十三具遺體後，才爭取到的事情。從今天的標準來看，這十三位人士可能永遠不會復生。但是因為他們是先鋒，他們不應該得不到別人後來得到的優惠待遇，因此他們也可能成為最後復生的人。」

「我們應該為將死的人，作妥善的準備。醫生一發現病人不會再甦醒後，應該立刻簽署死亡證明書。死亡證明書一經簽署，立刻替病人罩上氧氣，以今日醫院所擁有的精密設備而言，我們可以保持病人的身體功能達數日之久。為什麼一個人的身體，必須承受無法挽回的傷害呢？」

支持遺體冷藏的人士堅信，遲早有一天，病人的家屬可以質問醫生，「你為什麼沒有這麼作？在這個病例裡，你不讓去世的病人使用醫院的儀器設備，是違法的事情。」

遺體冷藏運動的先導人物是羅伯・艾庭格(Robert C. W. Ettinger)，他是密西根海蘭德公園社區大學的物理講師。一九四七年的時候，艾庭格看到法國生物學家金・羅斯坦德 (Jean Rostand)博士所發表的一篇論文，文中敘述他用甘油作防凍劑，去冷藏青蛙的精液。艾庭格立刻聯想到，人死之後，可以用相同的方法去冷凍遺體，以保存生機。

十多年來，艾庭格一直在等待「適當的人選」，去著手研究這個可能性，但是後來他決定親自動手。一九六二年的時候，艾庭格自己發行了《永生不朽的展望》一書，一九六四年的時候，一家出版社發行了這本書的修訂版。遺體冷藏運動的支持者，經常引用艾庭格著作裡的章句。艾庭格在這本書的第一頁寫到：

「現在活著的人，有機會永生不朽。而這個很可能會在短期內成為個人和國家命脈的驚人提議，套用以下的事實和假設，其實非常容易理解。

事實：現在人類可以用超低溫去無限期的保存遺體，基本上沒有任何損傷。

假設：假如文明繼續進步下去的話，總有一天，醫學會進步到可以醫治任何人體傷害，包括凍傷和衰老以及其它致死因素的地步。」

艾庭格很樂觀的認為，遺體的冷凍和解凍過程，「剛開始的時候，一定是由個人負責，然後會轉由私人公司負責，最後可能會由國家的社會福利機構負責。」

基本上，遺體冷藏背後的理論是：假設A先生死於不治之症。醫生宣佈他死亡的那一刻，他的肉體還具有生物生命，也就是說，他身上所有的細胞都還活著。冷凍遺體的手續已經準備就緒，為了保持A先生身體上大部分細胞的生命力，A先生死後立刻被冷凍起來。若干年後，治療A先生不治之症的醫療法問世了。那個時候，使A先生復生的方法，以及有效的解凍技術也發展成功了。於是A先生被拿出來解凍、醫治、回復原來的狀況。他復生了，他的病治好了，而且還返老還童了。於是他繼續活下去，直到他死於衰老或者另一種疾病。然後他再度被冷凍起來，如此一直循環下去。

打從《永生不朽的展望》一書出版以來，美國以及世界各地先後成立了許多遺體冷藏生命延續協會。紐約遺體冷藏協會的標語是「永不言死」，該會的標記是鳳凰，鳳凰是永生的傳統象徵。根據傳說，鳳凰這種鳥活到五百歲的時候，會燃燒自己，然後浴火重生，在灰燼中蛻變成一隻年輕、美麗的鳳凰。

遺體冷藏協會雖然提供永生的希望，但是他們並不擔保這件事情一定會發生。連艾庭格博士自己都說，這個提議的根據是，一件事實和一個假設。這件事實是，死人可以保存在超低溫度中。這個假設是，醫學界總有一天會解決冷凍所造成的傷害。

雖然所有遺體冷藏組織的印刷文件上都會暗示「不擔保此事一定會發生」，但是這個暗示經常會被樂天主義淹沒。位於長島捨威爾市的冷藏—延續公司，在該公司的宣傳小冊子裡指出，「本公司提供律師、保險專家、不動產規劃人員、心理學家、神職人員」，以及「全套遺體冷藏服務。本公司聘用的是，贊成用遺體冷藏法去延續生命的一流管理人員。」

該公司並且在這本宣傳小冊子裡指出，「用遺體冷藏法去延續生命」，並不一定會成功，但是它是一個吸引人的可能性。至於遺體冷藏法適不適合你？這本小冊子指出，「遺體冷藏法的適用對象是，喜歡生活和相信生命的特殊個體。它適合那些，拒絕放棄生命，願意盡一切力量阻擋死亡的人……。它也適合那些，希望成為未來世界的一份子，希望為未來的美好世界貢獻一己心力，並且享受其成果的人。因此遺體冷藏非常適合你。」

該公司在這本宣傳小冊子的最後指出，該公司將來會「針對未來社會的發展，為復生的顧客提供解凍後的輔導服務。」

超低溫生物學家修門表示，「除非他們可以證明，他們所使用的冷藏法，能夠達到他們預期的目標。因為科學界在冷凍和儲存活物質這件事情上，目前可謂毫無進展。」對遺體冷藏這件事情而言，這個目標是，在冷凍遺體的時候，保持遺體上千千萬萬細胞的生命力。而這件事情的成功與失敗，只有在整個冷藏過程結束後，才可能揭曉，而這個手續目前並沒有進行過。修門指出，「由於他們沒辦法證明，因此我們這些真正從事這門研究的人，只能預測這種作法不會成功。」

雖然如此，許多熱中遺體冷藏的人士仍堅信，未來科技一定可以解決他們的問題。遺體冷藏協會的一千多位會員，來自世界各地。誠如殯儀館館長洪所言，將他們牽在一起的東西乃是，「他媽的，你不一定非死不可」的觀念。

遺體冷藏組織的會員，可以訂閱《遺體冷藏報告》、《遺體冷藏回顧》以及《永生不朽》等新聞通訊。這些通訊通常用複印或平版印刷的方式，報導遺體冷藏方面的進展、會議以及動態。這些通訊也會不時報導一些軼聞，藉以加強會員的信心。雖然那個冰冷世界的溫度，和黑暗的月球差不多，在那片冰冷的天地裡，空氣凝成了固體，鐵片脆得像玻璃，而且在理論上，那個世界裡所有的生命現象都停止了，但是支持遺體冷藏的人士卻認為，那個世界藏有可以使人類永生不朽的機會。這些新聞通訊像敬奉神明那樣，把遺體冷藏這個名詞的第一個英文字母，變成大寫字母，這些通訊並且在「死亡」這個名詞上，加上括號。

一九六九年二月份的遺體冷藏報告，摘要報導了某份醫學雜誌上，一篇叫做〈被凍了一夜／小男孩起『死』回生〉的文章。

而這些通訊上零零星星的這類報導，往往會使人聯想起奇蹟和祈禱治療法之類，在科學上說不太通的事情。

一九七一年的春天，《永生不朽》新聞通訊在社論裡寫到：

> 「遺體冷藏用十分率直、合理的方式，去面對死亡的問題，可惜很少人有興趣思考死亡的問題。大部分的人避而不談這件事情，即使稍有勇氣的人，也是用拐彎抹角的方式談論這件事情。
>
> 遺體冷藏法的未來發展，對太空計劃十分重要。不論從技術或心理的角度來說，太空人在從事長途飛行的時候，必須被放置在生命暫停器裡。而除非人類願意擴張自己的生活領域，否則永生不朽這件事情，其實並沒有什麼意思，宇宙探險則是最豐富，最值得從事的事情。
>
> 今天，我們在冷藏遺體的時候，連帶必須解決一些技術、法律、經濟、社會和心理上的問題，而這些問題在永生不朽這件事情成真以後，一定會慢慢消失的。任何研究都

不可能在一夜之間成為公共計劃。我們今天的先見之明，日後將會拯救許多的生命。遺體冷藏計劃的適用對象是，熱愛及尊重生命的人。它是為那些自認具有智慧、想像力、勇氣，以及努力開創未來以豐富自己生活品質的人而設計的。」

雖然美國的遺體冷藏協會指出，許多會員準備在自己死後，將遺體冷藏起來。但是事實上，真正被冷藏的遺體，其實非常少，而且雖然艾庭格的書是在一九六四年出版的，但是直到一九六七年的時候，才有人真正執行遺體冷藏計劃。第一位執行遺體冷藏計劃的人，是一位名叫詹姆斯・貝德佛(James H. Bedford)的退休心理學教授，他死於洛杉磯。貝德佛博士的膠囊狀棺木，本來存放在亞利桑納州的鳳凰城，後來因為發生液化氮外洩的事件，因此這具棺木被轉運到洛杉磯一個隱密的地點存放。

對遺體冷藏計劃感興趣的人士，各有各的理由。洛杉磯的茱蒂・艾耳門太太在訪談中表示，她對遺體冷藏計劃感興趣的原因是，她熱愛生命。艾耳門太太罹患了一種無法治療的骨髓病。

另一位年輕女士不顧母親的反對，把埋在地下已經二天的父親挖出來冷藏，她解釋，「任何時候只要你想看他，你就可以去看他。他的膚色很正常。連他的眉毛和眼睫毛都很完好。

你隨時可以去看他，和他說聲『嗨』，對我來說，這比星期天下午去墓園獻束花，站在青草地上溫柔的笑一笑，然後把花放在腐朽的遺體上，要容易接受多了。想到那些我就起雞皮疙瘩。當我去探望躺在膠囊裡的父親時——我指的是我父親的遺體（我知道他已經死了），至少我可以看到他，雖然我終身得為這個膠囊付保養費，但是我知道這筆費用是用來保養他的遺體，而不是用來保養草皮、花卉和樹木的……。我這麼作的目的是，使自己在有生之年，有一顆平靜的心。至於我死了以後怎麼辦，我真的一點也不在乎。我想，把遺體冷藏起來，可以讓你覺得，你和過世的人並沒有完全斷絕關係，這和一般的埋葬法不一樣，因為這樣作使得你和逝者之間的關係，不會完全斷絕。

至於我究竟相不相信我父親還會再走路、再說話——我想我並不認為如此。可是如果在我有生之年，這件事情真的發生的話，我也不會覺得太驚奇，然而這並不是我決定這麼作的原因……。如果我父親復生的話，受益的人是我父親；可是此時此刻，我為的是我自己的利益……心靈平靜……滿足。」

殯儀館館長佛烈德律克・洪已經為自己百年後的遺體冷藏事宜，作了妥善的安排。

他表示，「這樣作可以使我佔到一點優勢，雖然我不知道未來如何，但是我知道，至少我有機會看到未來。如果我不這麼作的話，我連一點機會都沒有。我是一個非常好奇，甚至有點好事的人。我可不願意錯過往後數百年的時間。假如我有機會抓住這個機會，而且所需之物只不過是我根本就帶不走的金錢的話，那我幹嘛不去作呢？」

遺體冷藏的費用，大約是二萬美元左右，其中包括準備工作、冷凍手續、將冷凍後的遺體放在膠囊裡存放，以及日後的保養費。「保養費」的用途是，更換液化氮以及定期檢查膠囊有沒有漏。遺體冷藏協會建議，對遺體冷藏計劃有興趣的人，生前至少應該購買二萬美元的人壽保險。然後指定用其中的一萬美元，購買膠囊棺木和冷凍遺體；另外一萬美元則成立信託基金，交給律師或銀行管理。（遺體冷藏協會已經安排了一家以上的大型保險公司，負責承保這類保險。）維持系統正常功能的保養費，每年大約是三百美元。但是如果冷凍的遺體量增加，而且存放在一個地方的膠囊數量也增加的話，當然，費用一定會降低的。信託基金獲得的利息錢，除了支付膠囊的保養費外，其餘全部存入本金。如此一來，冷凍中的人，「在科技進步到可以使他們復生之前，一直都會有進帳。」

假如參加遺體冷藏計劃的人，生前沒有作好妥善的財務安排，事後家人又拒付保養費的話，事情會變得很麻煩。洪舉了一個例子，數年前，有一位年輕的女士，要求將她父親的遺體冷藏起來。「她用冷凍她父親遺體的方式，去推動自己的事業，提高自己的知名度。」

「這位年輕女士只付了足夠冷藏她父親遺體的錢。可是還有維持膠囊的保養費呀！」洪指出，「可是她不肯再付一毛錢。假如我們不幫她付的話，她就大吵大鬧，向報社投訴我們準備把她父親埋掉。我永遠不會再為事先沒有作好妥善財務安排的人，執行遺體冷凍計劃了。」

為自己的遺體冷藏事宜，作好妥善的財務安排，其實並不是最麻煩的事情。最頭痛的事情是，如何安排其它的私人財物？當一個人被冷凍起來之後，他的身份是什麼？他還需不需要付稅？他能不能擁有財產？該不該立遺囑？能不能為自己設立一個信託基金？一個人法定死亡之後（或者死亡一段時間之後），還能不能擁有財產？冷凍後，婚姻關係還存不存在？

洪表示，「這些都是很困擾人的問題，因為目前並沒有這方面的法律規定。」洪接著指出，「目前，任何人如果想在美國執行遺體冷藏計劃的話，都必須在他法定死亡之後才可以進行。因為保險公司要求死亡證明書。假如我們給保險公司『生命暫停證明書』的話，他們是不會接受的。他們必須看到死亡證明書以後才肯付錢，因為人壽保險是一種死亡給付金。因此，目前我們只能按照現有的法律辦事，我們希望保障未來利益的法規，能夠盡快出籠。」

當然，在根本不知道未來發展的情況下，去爭論遺體冷藏計劃的是與非，實在是一件很不實際的事情。

無論如何，有些人辯稱，我們應該為任何可能性預作準備。《美國喪葬業指南》雜誌，在一篇評論《永生不朽的展望》一書的論文中指出，「該書的結論是建立在可以證明的科學事實上；他（艾庭格）的預言有可能成真。很可能有一天，用液化氮去冷藏人體，會變成殯儀館的例行業務。墓園也會開闢『冬眠室』，以便存放『暫時死亡』的人士。」

然而，該雜誌的總編輯查理斯・凱茲(Charles Kates)也在文中指出，永生不朽的可能性，加上參加這個計劃的人所抱持的心態，使得遺體冷藏運動出現了「許多詐欺事件」。

一位不願透露姓名的病理學家指出，「這件事情可以幫很多人賺很多錢。保險計劃要錢，膠囊要錢，保養膠囊也要錢。我一向認為，有人想掀起這個風潮，以藉機大撈一票。」某些人士曾經估計過，遺體冷凍生意的利潤，可達數兆美元。

倫敦大學生物老化現象醫學研究評議會主任亞力山大・康福特(Alex Comfort)指出，遺體冷藏運動只不過是一場騙局。還不如把那些錢，花在規規矩矩的研究工作上。他認為遺體冷藏運動是專門針對那些，「認為死亡等於是羞辱人類還不夠文明進化」的人，所設計的騙局。

康福特博士在《醫學見解》期刊上的一篇專文裡指出，

「我從來沒有見過比這更完美的賣點。我指的是，他們認為，現在被冷凍起來的人，其復生的機會和狗身上的跳蚤一樣好，他們甚至認為，我們的後代子孫，會願意讓他們從來沒有見過的祖先復活，而你竟然還敢懷疑萬能的科技！而這件事情的利潤也相當可觀，比方說：勒索費（再付多少錢，否則我們把你的姑媽解凍）；材料費（一年幾千個膠囊，每個膠囊幾千塊）；員工費（成千上萬的美國人，靠看護他們的老祖宗過日子）。一位憂心忡忡的養老金託管公司的主管告訴我，『這些騙子早晚會動養老金的念頭。他們把喬治叔叔冷凍起來——然後說他並沒有死，他只不過是在冬眠罷了，所以他仍然可以控股，也可以繼續領養老金。我們會請法院立法規定，當一個常態人死掉之後，就算死掉了。可是這些騙子一定會一路上訴，到頭來，我們只能用錢把他們打發走。』」

遺體冷藏協會的標準答辯是，「反正錢又帶不走，何妨試試。」沒錯，錢這種東西的確是生不帶來，死不帶去，但是與其用這筆錢去賭自己一、兩百年以後會不會復活，是不是還不如用這筆錢，去幫助子孫接受更好的教育，或者過更好的生活呢？

許多著名的科學家表示，時下的遺體冷藏運動，不成熟、沒有意義，而且一點也不科學。一位觀察家指出，「遺體冷藏協會那些好心人辯稱，把遺體冷凍起來，其實沒什麼損失，但是這個哲學並不足以解決這件事情所涉及的昂貴花費、虛妄假象以及輕視科學的問題。」

如果我們希望遺體冷藏的理論，有朝一日能夠成真的話，或許我們應該將目前花費在遺體冷藏上的錢，轉移到相關的科學研究上去。這類研究的成果，一定可以從不同的角度，在保健或疾病治療上，為使用超低溫保持或摧毀活物質的可能性，提供新的展望。計劃將自己的遺體冷凍起來的人，他們的家屬對這件事情有什麼看法？一位打算日後將自己的遺體冷凍起來的女士指出，「我兒子告訴我：『老媽，這太過份了吧！妳真的要我照顧妳一輩子嗎？』」

我們未來的子孫，究竟願不願肩負起讓死人復活的重擔？連《遺體冷藏報告》的一篇社論都坦承，「要活人挑起照顧死人的重責大任，實在很困難。因為不論從心理、生理和實際的角度來看，這副擔子都太昂貴了。」

艾庭格表示「當我復活的時候，我希望我的親朋好友會在我身旁迎接我。我不希望光禿禿，而且非常無助的被推進新世界，我希望到專門機構去接受再教育，費用由我的信託基金支付。我會和其它剛復活不久的人待在一起。我的教育期和適應期，可視需要無限制延長。」

遺體冷藏運動所碰到的另外一個反對理由是，人口問題。假如沒有人死亡的話，總有一天地球上的人口，會多到無法再容納更多人的地步。到那個時候，人類是不是要禁止生育？假如要的話，人類的進化過程將會突然停止。基因和染色體不會再繼續傳遞下去。優勝劣敗，適者生存的規範也不存在了。人類最後會不會變成一種不孕的生物，在追求永生的強烈慾望下，逐漸自取滅亡？

艾庭格反駁說，有意將自己的遺體冷凍起來的人，絕不會因為人口問題而放棄這個念頭。他指出，「沒有人會因為自己將來會擠到別人，而寧可死掉。」

有趣的是，神職人員反對遺體冷藏運動的聲浪並不大。這或許是因為他們並不重視這件事情的緣故。曾經針對這件事情發表過意見的神職人員指出，遺體冷藏——如果這件事情後來成真的話——是一種延長生命的方式，不是一種創造生命的方式。他們質問，把脈搏已經停止的溺水者救活，以及在幾個世紀以後，把得了重病的人解凍、治好，這兩者之間有什麼差別？

假如這兩者真的有差別，或者假如真的有人問這個問題的話，我想我們大概只能憑空臆測這個問題的答案。沒有人能預測史提夫・傑・曼德耳以及其它躺在那個冰冷世界裡的人，將來的命運為何。他們生前決定，不論機會多麼渺茫，他們都要賭一賭自己的運氣，看看未來科技可不可以使他們復活，重享他們曾經擁有過的健康生命。

第九章　把地讓給活人

「你來自塵土，也當歸於塵土。」

——創世紀3：19

美國的死人既不會離開，也不會被遺忘。僵硬、散落的墓碑，一群群的樹立在美國各個城鎮的市區與郊區。雖然美國各大都市極端缺乏空地——尤其是可供家人野餐和小孩子打球的綠地——但是諷刺的是，許多都市其實擁有相當大的綠地。而且這些綠地，往往座落在最需要它們的地方，比方說，貧民區的中心地帶以及工業區。然而使用這些綠地的，卻是死人，不是活人。

在計劃部門的地圖上，墓園和公園一樣，是用綠色表現。但是這些墓園，絕大部分是冰冷的灰色荒地，它們是活人沒辦法利用的空間。連個像樣的公園都沒有的社區，一定有墓園。

目前美國境內的墓地，大約佔地二百萬英畝。如果土葬的習俗繼續下去的話，以美國現在的人口死亡率來看，美國大約還需要相當於羅德島州(Rhode Island)百分之二十五土地面積的埋葬地區才夠用。如果以都市面積來計算的話，這大約相當於明尼那波里斯市(Minneapolis)或者明尼蘇達市(Minnesota)的五倍。

土地使用的危機，目前已經非常明顯。專家十分肯定的預測，不用太久，美國就會出現死人與活人爭地的局面。

一八〇〇年的時候，美國墓地的面積，相對而言，並不大，那時，美國的總人口數，大約是五百三十萬人。可是到公元二〇〇〇年的時候，美國的總人口數，預計將會高達三億或四億人。雖然節育以及死亡率的降低，會使人口膨脹率減小一些，但是土葬所需要的土地，仍然會造成相當嚴重的問題。因此，都市計劃人員不能再漠視墓地所佔據的廣大空間了。墓園開發商也不應該繼續在都市裡，隨便取得土葬土地了。

由於大部分的人反對，因此多功能式墓園改革計劃，始終無法大規模的推行。但是如果美國想同時容納死人和活人的話，改革在所難免。我們不但得仔細研究未來的埋葬方式，同時也得仔細研究如何改革現存的墓園。在土地使用的危機裡，這二個因素愈來愈重要，因為許多墓園的狀況、面積和年齡等，實在無法配合都市的成長與更新。

截至目前為止，人們尚未思考過，土葬習俗對都市用地的影響。社會學界、經濟學界和宗教界，都不重視都市計劃裡，墓地和其它土地的使用衝突。

一九七〇年的一份聯邦報告指出，不論從法律、社會或宗教的角度來看，墓園都是很神聖的地方：「從這些角度來看，墓園實在是一片開闊的保留地。墓園對都市的空間價值，取決於它的狀況、大小和設計。都市裡的綠地，是一種視覺上的舒解，是形形色色地段的緩衝地帶，可供休閒及觀賞用途，而且在某種程度上可以穩定房價。而任何一種形式的墓園，都是一塊潛在的觀賞用綠地。」

頗有先見之明的美國都市計劃協會，曾經在一九五〇年的時候警告，「如果土葬的習俗繼續下去的話，總有一天，所有的土地都會被死人佔光的，活人將無地可用。即使是現在，死人與活人爭地的情形，已經相當嚴重了。」

舉例來說，一九六九年的時候，紐約都市計劃顧問華特・沙比特(Walter Thabit)，曾經針對布魯克林(Brooklyn)地區的土地使用狀況，寫過一份報告。他在這份長達六十二頁的報告裡指出，「福來特布虛東區——或者布朗斯威爾以及紐約東區——最需要的公園設施是，為無處可去的愛侶，提供一片比溫迪威爾地產地下室更隱密一點的樹林。全部或部分徵收佔地八十九英畝的聖十字架墓園，可以達到這個目標。」

當時的布魯克林地區議長阿比・史塔克，公然抨擊這個建議「即使不算非常殘酷，也可以算是麻木不仁。」史塔克並且指出，「沙比特先生是不是也準備把臢下的五十萬具屍體挖出來，移葬到別的墓園去？還是說他所關切的愛侶們，準備在最受布魯克林人士尊重的墓地裡嬉戲？」

布魯克林羅馬天主教主教區墓園主任喬治・慕尼(George A. Mooney)牧師也表示，沙比特的建議，「對所有尊敬先人遺骨的人而言，都是一種侮辱。」

將墓園變更為公園或者多功能式的墓園，乃是非常敏感的話題。某份都市計劃雜誌，在一篇批評沙比特事件的文章裡指出，「成功之道在於，在不觸怒公共宗教觀及大眾感受的情況下，圓滑的力陳多功能式墓園的重要性。」的確，沙比特栽了一個大筋斗。他實在應該用比愛侶的天堂更好的例子，去說明他的「墓園—公園」計劃。

在我們討論這個問題的時候，我們也必須思考一下，埋在聖十字架墓園裡的那些人——也就是布魯克林人口中「最受他們尊敬」的先祖們——他們的想法可能是什麼。他們希不希望自己的兒女，或者兒女的兒女，連個玩的地方都沒有？

近年來，破壞墓園的事件突然暴增，尤其是市區裡的墓園，這可不可能和禁止使用墓園有關？有些男孩子眼見墓地佔據了他們所需要的空間，很可能會因為心生沮喪而故意褻瀆墓碑。

許多人根本等不及官方的改革、規劃或批准，便逕自大搖大擺的去享用墓園裡的綠地。比方說，許許多多的家庭，到布朗克斯市佔地四百英畝，埋葬了二十五萬人的伍德龍墓園散步。該墓園總裁坎那里・伍迪(Kennerly Woody)表示，「很多人推著嬰兒車，帶著狗，到這裡來散步、餵鴨子，我們的園丁把這裡當成公園一樣照顧，他們對自己的成就感到非常驕傲。」

另外，布朗克斯南區的小孩子，也未坐等計劃部門的通知，便逕自將教堂的墳場，當成了他們的休閒區。一九六七年的時候，聖安教堂的亨利・摩耳(Henry Moore)神父，曾經針對小孩子在墓園裡遊玩的事情表示，「這是一個很煩人的問題。一方面，我希望小孩子能夠擁有一個很好的遊樂場所，不要到街上鬼混，可是另一方面，我也希望保持墓園的美麗和歷史。」

摩耳神父指出，那個地區的小孩子之所以會跑到路易斯・莫里士(Lewis Morris)——一七七六年美國「獨立宣言」的簽署人之一、莫里士州長——一七八七年美國「聯邦憲法」的起草人之一，以及莫里士家族其他知名人士的殘破墓碑間玩耍，乃是因為「他們認為，這裡是公園，小孩子認為這是他們的草地。」

那些小孩子則表示，「為什麼不可以？」一位十四歲的青少年說，「街上不是好地方，所以我們到這裡來玩。這是布朗克斯南區唯一的草皮。你根本就不會注意到，普通草皮和下面埋著死人的草皮之間，有什麼差別。」另外一位小男孩則表示，「我們知道不應該到這裡玩。摩耳神父說，這裡是很神聖的地方。」

然而，還有什麼事情比為年輕人提供一個健康的休閒場所更神聖呢？雖然如此，該教堂仍然收下了莫里士家族所捐贈的二萬五千美元，作為修復殘破墓碑以及在墓園四周興建一排圍牆的經費。

可是一九七〇年的時候，紐約市最古老的教堂墓園——聖馬克斯墓園，卻用完全不同的方式，去處理上述的情況。這座墓園是彼德・史迪佛森特(Peter Stuyvesant)、許多他的後人以及其他歷史名人的埋骨地。在位於鮑爾里大道上的聖馬克斯墓園裡，隨處可見平坦的墓碑旁，點綴著用紅磚和鵝卵石拼成的拱形或圓形圖案，這是該教堂美化墓園的計劃之一。

這個美化計劃的負責人是艾倫牧師(J. C. Allen)，人們形容他是一位「嬉痞牧師」，他致力改善該地區的環境。多年來，這個地區被酒鬼、流氓、吸毒的人以及格林威曲村東區貧民窟的嬉痞，弄得髒亂不堪。

一共有三十多位街坊青年隊的青少年，參加這個改善環境的計劃。這些青少年有些有犯罪記錄，有些曾經破壞過教堂的資產。

艾倫牧師解釋，「這是一個很糟糕的社區，它快要完蛋了。這裡充滿了辛酸、憤怒和壓力，我沒辦法忽略這些東西，也沒辦法裝作沒看見。事實上，我必須走出去面對它們。這些小孩子已經和我們相處了許多年，他們一直在作一些破壞我們的事情。他們心中充滿了憤怒、痛苦和報復意念，而建設這個休閒場所的粗、細活，很可能是他們曾經作過的最有建設性的事情。」

促使聖馬克斯教堂成為紐約市第一所正式將墓園變更為公園的因素有二：第一，向每況愈下的都市環境挑戰，第二，在艾倫牧師的主導下，讓教堂成為社區振興計劃的焦點。

然而在開工之前，必須先解決幾個問題。首先，現行的法律禁止在未經批准的情況下，修改或更動被列為古蹟的建築物的外觀。由於聖公會的教堂，是獨立自治式的，因此修改工程不需要得到紐約聖公會總主教的批准。

至於經費嚴重短缺的問題，則在古蹟委員會的熱心支持以及洛克斐勒基金會的贊助（一萬六千美元）下，終獲解決。一九七〇年七月中旬，這個計劃破土動工。

當時的《紐約時報》報導，「這座教堂乃是一六六〇年的時候，紐阿姆斯特丹(Nieuw Amsterdam)州長彼德・史迪佛森特在他那遺世孤立的『鮑爾里』農場裡，所建造的小教堂。

每個星期天，史迪佛森特一家人、少數幾位鄰居以及他們的黑奴，都在這座四周盡是森林和狼嗥聲的教堂裡作禮拜。」

這些青少年一共用掉了二十卡車由各界捐贈的鵝卵石。在不打擾地下埋骨，不掩蓋任何墓碑的情況下，他們建造了一些長椅和拼花路。

然而，並不是每一個人都支持這項計劃。報紙引述一位百老匯知名人士（這位人士要求匿名）的話說，「我覺得很怪異。我不覺得應該讓小孩子到墓園去玩耍。墓園是很神聖的地方，假如我有親戚埋在那裡的話，我會覺得很不高興的。」

然而，也有一些人對這種情況表示同情。彼德・史迪佛森特的第七代後裔漢彌爾頓・費盧・阿姆斯壯(Hamilton Fish Amstrong)便指出，「雖然我對這個可愛的老地方，有一種懷舊和感傷的情懷，我的祖母埋在這裡，她的珠寶也隨她葬在棕色的棺木裡，但是我全心全意贊成艾倫牧師的作法。」

艾倫牧師自己的講法，可謂最為中肯，他指出，「那些反對這個墓園改革計劃的人，大概不瞭解，敬奉死者的方法其實很多，而對我以及那些痛苦的教區居民而言，敬奉死者最好的方式，並不是和他們一起死，而是和他們一起活，也就是試著和他們生活在一起。」

雖然在紐約市，墓園改建計劃是非常尖銳的議題，但是美國其它都市，其實早就開了先例。一九六七年六月，美國住屋及都市開發部(HUO)撥了十三萬三千四百七十四美元的經費，給田納西州的普拉斯基市，作為將一座殘破的公共墓園，變更為公園的費用。

當時的大都會發展計劃助理秘書查理斯・海爾 (Charles M. Haar) 在公佈這個消息的時候表示，「美國住屋及都市開發部想利用這個機會指出，在本部的都市美化計劃裡，這是本部第一次將棄置、欠維護的公共墓地，修復成可供社區人士使用的社區資產。」

打從一八八八年以後，老舊的普拉斯基墓園便再也沒有收過「新顧客」，年復一年，該墓園的維修工作愈來愈糟糕。最後維修工作乾脆取消了。雜草高得蓋過了墳墓。許多墓碑歪歪倒倒；有些墓碑則碎了，破了，甚至不見了。

在不打擾各個墳墓的情況下，工人將墓碑和紀念碑清理乾淨，加以修復，然後整齊的陳列起來。接著是庭院設計的工作。工人在墓園裡加了一些走道和長椅。扁平的大型紀念碑，陳列在公園一邊的磚牆裡，小型的墓碑，則陳列在幾排較低的彎牆上，以便遊客閱讀碑上的文字。這些紀念碑，散散落落的陳列在公園的各個角落，猶如一般公園裡的雕刻品，而新蓋的紀念堂，則是整個公園的中心點。

這使得普拉斯基市多年來最礙眼的一個地方，搖身一變，成了一個兼具休閒價值和歷史意義的地方。對它周遭的鄰居來說，它不再是一個惹人討厭的地方，而是一種福利。

墓園的改建計劃，必須顧慮到當地人的宗教信仰、習俗、迷信以及法律規定。這類工程也必須獲得廣大民眾的支持，以及死者後代子孫的同意才行。然而，普拉斯基計劃最重要的成果，並不是公園本身，而是這件事情可能造成的影響。

美國住屋及都市開發部在「墓園重新使用報告」的結論中指出，「一般而言，普拉斯基市的市民很清楚，改建墓園的工程對他們有好處。現在該地成了普拉斯基市的觀光點。這個墳場不再是一個礙眼的地方了。它乃是該市的重要資產。而且最重要的是，這片土地現在已經成為一塊永久性的開闊空間了。」

修復老舊的墓園，固然是開拓觀賞及休閒空間的方式之一，但是某些支持這件事情的人，甚至進一步建議，將市區裡的墓園，全部遷到郊區。事實上，大規模的墓園遷移行動，其實早就展開了。最為人知的墓園遷移行動，發生在舊金山市。一九二二年及一九二三年的時候，由於舊金山市的建築用地不夠，舊金山市的議會，特為此立法規定，市區內所有的墓園，必須遷出市區，此外，市區內不得再埋葬死人。於是，舊金山市區內大部分的墓園，被遷移到舊金山南郊一個只有三百位居民的小鎮上。這個叫做柯瑪的小鎮，很快就成了「墳墓城」，該城的墳地和骨灰室，佔地約一千一百英畝。柯瑪市自此一直成長，當地居民大多從事和喪葬有關的行業。

加州的現行法律規定，任何一個城市，只要人口數超過十萬，便可以將市區內的墓園遷移到他處。

雖然許多人反對遷移墓園，但是事實上，墓園搬家早就不是什麼新鮮事了。阿克朗(Akron)、底特律、休士頓、艾爾・帕索(El Paso)以及新奧爾良等大都市，都曾經為興建高速公路而遷移墓園。一九四七年的時候，巴爾迪摩市也曾經為了興建一座新機場，而遷移了一百七十座墳墓；而交通混亂的紐約布魯克林—皇后區高速公路，則是從卡爾佛里墓園的正中間貫穿而過。另外，位於華盛頓D・C・東北部，佔地二十九公畝的和諧墓園，則為了讓路給高速公路交流道，而移走了整座墓園。

一九六七年的時候，聯合住屋基金會的黑若德・奧斯佐夫(Harold Ostroff)曾經建議紐約都市計劃局，將市區內所有的墓園遷出去。奧斯佐夫表示，這是「應該遷死人，還是應該遷活人」的問題，他指出，由於墓園具有免稅優惠，因此「我們的考量是，要不要每年為死人損失一億五千七百萬美元的稅收，並且漠視活人無地可用的問題?」然而紐約顯然不在乎這筆損失，因為這個建議並沒有被接受。

一九六〇年代末期的時候，紐約居民住屋及計劃委員會執行主任羅傑・史塔爾(Roger Starr)也曾經建議過，將市區裡的墳墓，遷移到其他地方去。史塔爾的墓園遷移計劃，包括興建一些適當的紀念公園、博物館以及廟堂。史塔爾建議的遷移地點是東河上的福利島。史塔爾指出，「乍聽之下，這個建議似乎很怪異；其實出色的設計和藝術化的造形，一定可以使福利島成為一個莊嚴、美麗的福地……。由於福利島的地理位置，距離人口聚集的地方太遠了，因此並不適合在那裡興建住家和休閒場所，但是它又近到值得從事其它建設性的土地開發工程。」

史塔爾建議，墓園的遷移工作，可以分幾年進行。他指出，就算不執行這個計劃的話，市區裡的墓園早晚也會荒廢掉的，因為這些死者的後代子孫，勢必得愈住愈遠。史塔爾表示，「難道我們非得等到這件事情發生在我們自己身上的時候，才去執行這個計劃嗎？」

紐約市的人口密度，大約是每英畝五十戶人家，而紐約市的墓園，大約佔地四千多英畝，如果以這個標準來計算的話，這些墓園用地，大約可以提供二十萬戶住宅。史塔爾指出，「如果規劃得宜的話，這個數目的住宅，可以全部集中在三分之二的土地上，賸下的一千三百英畝土地，可以全部規劃成公園，這相當於二十一個中央公園的面積；我們也可以把這些土地，規劃成較小型，彼此相連接的公園。」史塔爾並且指出，「這個計劃，可以大幅提昇紐約市的市容和市區結構，它甚至可以改善社會問題。它的代價則很難估計，因為打擾死人似乎是一件很不適當的事情。但是這究竟是一種理性的，還是一種感性的想法呢？」

為了防止市區裡的墓園繼續擴張，許多團體和個別人士，已經開始著手改良傳統墓園的設計與功能了。美國墓園協會的成員馬丁・瓜地恩(Martin Guadian)表示，「大雜燴式的墓碑，實在令人看了很不舒服。」「在重視生態學的現代社會裡，人們希望看到開闊的空間。我們的目標是，使墓園成為一個美麗的地方。」

許多新墓園根本不讓顧客樹立傳統式的墓碑。每一座墳墓，都必須使用青銅色，和草地差不多高的小型墓碑，這種設計不但可以多容納一些墳墓，同時也便於維護。有些墓園的綠地很大，而且地勢高低起伏，看起來根本不像墳場，而像高爾夫球場。

一九五九年的時候，座落在西雅圖華盛頓市的長青—渥虛里紀念墓園，將一塊五英畝的空地，無限期的借給西北部小馬棒球聯盟。那個時候，當地根本沒有任何空地可供球隊使用。這個由二百多位小男孩組成的棒球聯盟，在那塊空地上，建造了球場、露天看臺、選手休息室、販賣部、小攤子、停車場、擋球網以及圍牆。他們自己維護這些設備。

長青—渥虛里紀念墓園的大衛・戴里表示，「沒有人反對這件事情。在棒球場和墓園中間，有一塊還沒有開發的土地。」「我們的看法是，與其讓小孩子到墓園去玩耍，還不如讓他們到墓園的旁邊去玩耍。」

長青—渥虛里紀念墓園還具有教育價值。由於該墓園種植了各式各樣的植物，因此成了當地學校上藝術和植物課的地方。戴里指出，「我們的政策是對外開放。我們佔地一百四十七英畝，當然得這麼作。我們歡迎任何人造訪，除非他作出傷害本園的事情，而這種事情並不常發生。」

除了少數幾個例子之外，美國的墓園設計，可以說頗缺乏創意。明尼蘇達大學建築系的羅傑・馬丁(Roger Martin)指出，「在美國剛開始發展庭院建築的時候，墓園不但是埋葬死人的地方，同時也是人們去郊遊野餐，豐富自己生活的地方。時下又興起了一股改變墓園使用功能的風尚，我認為這種作法非常明智，因為墓園的佔地實在是太大了。」

某些國家的墓地，老早就不敷使用了。有一段時間，日本和義大利的死人，得停放好幾個星期，才能找到一塊墓地。日本政府鼓勵民間將「櫥櫃式墳墓」當成永久墓地。在人多地少的日本，雖然百分之七十五的死者舉行火葬，但是墓地仍嫌不夠。「櫥櫃式墳墓」建築在多層式的水泥建築物裡，建築物內並建有電梯和觀測塔。

另外，以後到巴西沙波羅市為親人掃墓的人，也可以搭乘電梯到三十樓，甚至更高的樓層去掃墓了。這棟直立式墓園的設計人，是建築師費南多・馬丁斯・鋼斯(Fernando Martins Gomes)，他表示「在沙波羅市，死亡已經變成一件愈來愈困難的事情。」在他所設計的高架式墓園裡，有陳屍間、驗屍間、葬儀廳、酒吧、會客室以及停車場。他指出，「這種模式的墓園，可以使人們不致陷入比死亡更淒苦的漩渦裡。」

而在繁忙的瑞歐・達・哲內歐羅市(Rio de Janeiro)，四百五十萬居民聚居在一條介於高山和大海之間的狹長土地上，這個城市的南部地區早就沒有可用的墓地了。這個地區的每一樁葬禮，都涉及調換墳墓的事，而一塊墓地的價錢，現在已經高達五千美元了。住在墓園附近的居民，時常抱怨從墓園裡蔓延出來的惡臭，一九七一年的時候，阿根廷的立法委員曾經慎重其事的提議，必須為所有的屍體灑上香水。

為了解決瑞歐市的問題，建築師狄拉多・修瓦・艾・索札(Dylardo Silva e Souza)設計了一棟三十九層樓，造價一千四百五十萬美元的直立式墓園。在這棟摩天大樓裡，有二十一萬個墓穴（共可容納一百四十七萬名死人）、一個直昇飛機場、一棟八層樓的停車場、兩座教堂以及二十一個禮拜堂。

希臘雅典市市長喬治・普里塔斯(George Plytas)曾經在一九六七年的時候宣佈，由於雅典市已無可用的墓地，因此他已經開始採取緊急措施。他的短期計劃是，在帕那綏尼恩運動場附近的大墓園底下，蓋一座四至五層樓的地下墓園，帕那綏尼恩運動場是一八九六年的奧林匹克運動會會場，那次的運動會，是史上第一次現代化的奧林匹克運動會。

美國也有一些葬喪業者，致力改革埋葬法。田納西州那虛威爾市的雷蒙・黎根(Raymond

Ligon)等人，建造了一棟二十層高的直立式墓園，這座墓園用一種「看起來類似床舖的棺木」，作為死者的安息窩，以便死者的遺族，可以隨時瞻仰死者的遺容。完工後的伍德龍十字架墓園及葬儀社，將會擁有七萬五千個墓穴。這棟直立式的墓園，佔地約十四英畝，但是它的容納量，卻相當於佔地一百英畝的傳統式墓園。黎根的處理方式，比傳統的埋葬法便宜，支持這種埋葬方式的人指出，「這是二十世紀美國葬儀界的第一個重要改革。」黎根等人發明的安息窩，計有「現代、早期美國、法國鄉村以及地中海」四種型式，這種安息窩「具有各別特色，但是卻不像傳統棺材那麼貴，而且也沒有尊卑的區別。」在送到樓上永久安息之前，黎根的葬儀社會先用一層堅固的「永久性玻璃」模，將遺體封閉起來，封閉後的模子，像一個不透水也不透氣的膠囊。

美國葬儀界的另一項改革是，建造可以開車進去瞻仰死者遺容的停屍間，美國境內第一座這種類型的停屍間，是由喬治亞州亞特蘭大市的赫修耳・索頓(Herschel Thornton)建造的。索頓表示，「人們可以開車進來瞻仰親人最後的遺容，然後再開車出去。」索頓的停屍間裡，一共有五扇陳列遺體的平板玻璃窗。索頓指出，「現在很難請人。因為我們得受最低工資和工作時數法令的限制。這種方式可以讓親人隨時瞻仰死者的遺容。這對行動不便的老年人來說，是一大福音。他們可以坐在車子上，向死者致最後的敬意。」

將五、六座棺木，堆放在一個墓穴裡的花園式墓園，現在愈來愈受歡迎。奧瑞岡州波特蘭市的J・C・米耳尼公司，在過去十九年裡，一共承造了二百多座這種墓園，總計十萬多個墓穴。一座位於芝加哥天主教區內的花園式墓園，共有三萬個墓穴，這乃是世界上面積最大的一座花園式墓園。

美國境內的墓園，也設計了其他節省空間的方法。其中一個方法是，將原來四呎寬十呎長的墓穴，縮小為三呎寬八呎長。另外一個方法是家庭合葬或複葬，這在美國九十八座國家墓園裡，非常普遍。丈夫先過世的婦女，死後多半和亡夫合葬。

另外一個比較新的觀念是，直立式埋葬法。其實這個觀念也不算太新。伊利諾州東北部流傳著這麼一則故事，一八〇〇年代時，一艘平底船的老船長，死前要求將他「站著」埋葬在俄亥俄河旁邊的山丘上，「以便觀賞河中來來往往的船隻。」在英國倫敦的威斯特明斯特修道院裡，導遊會帶遊客去看一塊，藏在一堆知名人物墓碑裡的小紀念碑。

這塊紀念碑上寫著，「噢！奇怪的班・強生(Ben Jonson)」。據說，有一次這位詩人請當時的國王查理士一世幫他一個忙。於是國王問他：「你要我幫你什麼忙？」強生回答：「給我一塊八吋長八吋寬的土地。」國王問他：「那裡的土地？」他回答：「威斯特明斯特修道院裡的土地。」國王說，「照准。」於是奇怪的班被立著埋葬在一塊藍色的大理石下面。

一份針對康耐狄克州哈特佛德市墓園所作的研究報告指出，直立式埋葬法可以使地面上出現小丘、高原的徐徐變化，這不但可以節省用地，而且也是一種賞心悅目的庭院設計。雖然如此，直立式埋葬法目前還有待推廣。

如果把那些未被使用的墓地找出來，重新出售的話，也可以增加不少新的墓地。以前的人喜歡買一大片墳地給家族使用。但是這些家族墳場裡，往往有許多沒有使用的空地。在今天這種流動性甚大的社會裡，更是如此。許多人根本不會再回到家鄉去，更不會被葬在家族墓園裡。羅傑・史塔爾指出，「應該有人調查一下，沒有使用的家族墳地究竟有多少。經過一段時間後，許多家族墳場甚至無人光顧。真不知道美國因此損失了多少墓地？」

墳墓的再使用，則是另一個節省土地的方法，可是在文化禁忌的影響下，美國人很少這麼作。位於紐約哈特島上的公共墓地，自一八六九年開放以來，一共埋葬了六十五萬人。政府規定，這塊公共墓地上的墳墓，每二十五年得重新使用一次。但是這個公共墓地是窮人和無依無靠人士的埋骨處。我很懷疑美國的有錢人，願意和別人分享他最後的安息所——即使是二十五年以後。

在丹麥，許多墓地每十五年便得重新使用一次，一九七〇年的時候，西柏林立法規定，每五十年可重新使用墓地一次。一九三二年的時候，瑞典巴賽耳市首創另一項節省埋葬地的作法。該市的議會規定，由於巴賽耳市的墳場佔地太大，因此日後該市所有的死人，都必須葬在市區外山丘上，佔地一百二十五英畝的洪里・加提賽克耳墓園裡。所有的埋葬及火葬費用，全部由巴賽耳市政府負擔，市民只能使用最簡單的墓碑。墓地免費，連保養費都不必繳。市民可以享受這個優惠待遇二十年，二十年之後，死者的家屬可以買下墓地，但是必須定期付給政府很高的保養費。未被買下的墓地，會被重新使用。結果當地絕大部分的墓地被重新使用。

事實上，墓地再使用的作法，可以一直追溯到中世紀時代，那個時候，教堂的墓地很小，教區的居民也比較窮。許多教堂聖壇的北牆外，即是納骨屋。凡是從教堂墓園裡挖出來的遺骨，都被放置在那棟房子裡。在那個時代，一個人大概只能在教堂的墓園裡安躺二、三十年，除非他家境富有，家人能為他造一座好墓。

當丹麥的哈姆雷特王子，看到宮廷弄臣猶立克的遺體被挖出來，以便埋葬歐菲利亞的遺體時，悲嘆的說：「噢！河瑞霞！我認識這位可憐的猶立克呢！」

莎士比亞對英國以及歐洲其他國家這種墓地再使用的風氣，可謂感觸良深。因此連他這位稍具社會地位，又是一個小教堂股東之一的詩人，都覺得有必要在自己的墓碑上，刻上如下的語句：

「好朋友，看在上帝的份上，
別挖開這裡的塵土。
我祝福那些愛惜這個墳頭的人，
我詛咒那些移動我遺骨的人。」

當然，最節省空間的遺體處理方式，莫過於火化。一罈骨灰所佔據的空間，大約是十六平方英吋。傳統土葬所佔據的空間，大約可埋葬八罈骨灰。一座小型紀念堂，可以供奉數千罈骨灰。古時候，除了中國人、埃及人以及猶太人之外，火葬其實非常盛行。在《遠古人類的故事》一書中，可若德(E. Clodd)指出，火葬的習俗在「游牧民族中特別盛行，因為土葬使得生者無法供奉死者的靈魂。而火化遺體可以避免孤魂野鬼糾纏生者。」

儘管正統派猶太教禁止火葬，但是根據《舊約》上的記載，某些遠古時代的猶太人，其實採用火葬。紀元前九五〇年左右，以色列第一位君主掃羅以及掃羅的三位兒子，在基利波山戰役中，被非利士人所殺，他們的遺體，即是被火化的。根據《舊約・撒母耳記》上本的記載，「於是當地最勇敢的人出發（尋找掃羅的遺體），他們走了一整夜，來到伯珊。他們從牆上把掃羅和他兒子們的屍體取下來，帶回雅比，在那裡燒了。」《聖經》上沒有任何禁止火葬的記載，也沒有規定應該用那一種方式埋葬死人。現行的傳統和禁忌，乃是數千年來慢慢演變而成的，因此新的傳統也有可能慢慢出現。

一九六三年的時候，羅馬天主教取消了禁止火葬的傳統規定，現在的羅馬天主教是允許火葬的。長久以來，天主教一直將火葬視為屏棄復活與永生的一種作法，可是當雪佛茲百利地區的伯爵，提出下面的看法時，這個規定便不攻自破了，他指出，「假如公正、明智的上帝，不能將殉道者的遺體回復原狀的話，那麼這些殉道者死後的下場是什麼？聖人的骨灰，當然和他的骨頭一樣值得尊敬。」雖然如此，大部分的天主教徒和正統派猶太教徒，仍然十分抗拒火葬；而新教教徒和開明派猶太人死後則大多火葬。

在古希臘和古羅馬時代，火葬的習俗其實非常普遍（印度至今猶然）。考古學家曾經在希律王時代的城堡——馬沙達的上方，找到一片廢墟，在這片廢墟裡，有一座環形建築，建築內的牆壁上，有許多凹形壁龕。馬沙達挖掘工程的負責人以色列考古學家伊蓋耳・亞汀(Ygael Yadin)表示，「我們堅信，這棟建築物和在義大利出土的某些建築物很相似，只不過這棟的體積更大而已，這是安奉骨灰的地方。這很可能是希律王用來安奉非猶太裔僕人、祭司以及其他宮中人員的地方。」

根據記載，美國境內第一位舉行火葬的人，是亨利・勞倫斯上校(Henry Laurens)，他是一七七七年和一七七八年十三州代表大會的主席，也是喬治・華盛頓的軍事參謀。勞倫斯在遺囑中指示，死後將其遺體火葬，他的火化儀式是一七九二年的時候，在其位於南卡羅來納州查理斯頓市的住宅舉行的。

然而，直到一八七六年的時候，賓州華盛頓市的法蘭西斯・朱力亞斯・里蒙(Francis Julius LeMoyne)醫生，才在美國建造了第一座火葬場。但是他建造這座火葬場的目的，乃是為了焚化他自己以及他朋友的遺體。一九一三年的時候，修荀・艾律克森(Hugo Erichsen)醫生，仿傚英國一個類似的組織，在美國成立了美國火葬協會。如今，這個協會已經演變成美國葬儀界一個十分重要的商業組織了。

自從里蒙醫生為自己建造了一座火葬場之後，美國境內的火葬人數和火葬場，一直不斷地增加。根據記載，一八七六年到一八八四年之間，美國一共有四十一個人舉行火葬。往後的五年間，舉行火葬的人數增加到七百三十一人。一八八九年到一八九四年之間，美國將近有三千人舉行火葬；一八八五年到一八八九年之間，美國的火葬人數已達七千一百九十七人。而一九〇〇年一年當中，美國便有六千多人接受火葬。一九〇〇年的時候，美國境內已有二十四座火葬場，分散在十五個州。

據載，一九七〇年的時候，美國境內的二百五十座火葬場，一共火化了八萬八千一百零五具遺體，這比一九六〇年的六萬零九百八十七次火葬記錄，成長了將近百分之五十。

火葬的科學解釋是，加速自然界處理遺體的過程。火葬只不過是一種快速的氧化過程，這個氧化過程在傳統的土葬過程中，要進行好多年才會完成。

在《美國式死法》一書中，潔西卡・密特福德(Jessica Mitford)指出，「聽起來，火葬似乎是一個處理死人的簡便方法。……關切公共衛生、土地管理以及人口數目的理性論者，以及不喜歡傳統葬禮中，那一套吹捧作風的人，一定會贊成這種方式的。」

然而，火葬的費用雖然比較低，所涉及的棺木選購以及葬禮事宜也比較少，但是它也不像許多人以為的那麼簡單。在大部分的情況下，葬儀社會要求為死者舉行追悼式；此外，美國許多州規定，必須為遺體作防腐處理，而且必須為死者購買棺材，即使棺材會在火葬中化為灰燼，也不能免。

雖然火葬在美國愈來愈流行，但是和其他國家比起來，美國的腳步仍嫌落後。目前，美國大約只有百分之四・五的死者舉行火葬，可是在日本，這個比例是百分之七十五，在英國，這個比例超過百分之五十，而且還在繼續上昇當中。在瑞典，百分之二十五的死者舉行火葬，在丹麥，百分之二十九的死者舉行火葬。

華盛頓州塔柯馬市喪葬業者黑若德・藍伯 (Harold Lamb) 表示，「累積我二十五年火葬經驗，我真心認為，火葬是大地的法則。目前，塔柯馬市的墓園佔地比公園還大，我知道這並不正確，年輕人也會慢慢明白，這並不正確。」

有些人認為，火葬愈來愈盛行的原因之一是，人們愈來愈崇尚「美化死亡」。火葬快速、簡單，而且不舖張。

某些葬儀社的經理指出，大約有百分之五十的家庭，要求不要舉行追悼式，另外還有許多家庭選擇非宗教性質的私人追悼儀式。

美國各地的火葬比例相差甚遠。太平洋岸邊的四個州：加州、奧瑞岡州、華盛頓州和內華達州，在一九七〇年的時候，一共有三萬七千五百人火葬，而在明尼蘇達州、那不拉斯卡州、愛俄華州、密蘇里州、德州、奧克拉荷馬州以及堪薩斯州，同年間一共只有三千五百人火葬。在華盛頓州的塔柯馬市，百分之十七的死者採行火葬，可是在匹茲堡，這個比例只有百分之二・五而已。

有些人認為，美國西岸的火葬比例之所以那麼高，乃是因為當地有許多外來居民——也就是離鄉背井的人。此外，美國西岸的居民，向來勇於打破社會傳統。美國火葬協會秘書赫伯特・哈格瑞佛(Herbert Hargrave)指出，「西海岸有許多來自美國東部地區的人，這些人和自己的家鄉，已經沒什麼聯繫了。他們似乎很願意追隨當地的風尚。」

報導並且指出，愈來愈多人拒絕葬儀社的慫恿，不肯再購買昂貴的罈子盛裝骨灰，然後把骨灰罈安奉在草木扶疏的花園或骨灰塔中。把骨灰灑在地上或海中，已經不是什麼新鮮事了。每天，南加州海岸都有二十五到三十五件，把骨灰灑到大海上的埋葬式，而其中有一半是從空中灑落骨灰。據估計，這個數目將會迅速增加，因為加州通過一條新法律，禁止葬儀社強行要求家屬為火葬的死者購買棺材。

一位決定為亡夫舉行火葬儀式的寡婦表示，「這種作法似乎比較聖潔。我並不需要那些儀式以及墓旁的哭泣聲。想到我先生的遺體已經被火化的時候，我似乎比較容易接受他過世的事實。這比想像他被埋在那一小塊地方，要好過些。」

生死學叢書書目

揮別癌症的夢魘

羽生富士夫／著
何月華／譯

癌症是現代人健康的頭號殺手，您對癌症認識多少？癌症等於絕症嗎？不幸罹患癌症的話，要如何面對死神的挑戰？具有「上帝之手」美譽的日本名醫，以他個人的切身經驗，懇切地告訴大家，以知識對抗癌症的重要，以及許多與癌症有關的預防、醫療等方面正確的觀念，是重視保健與生命品質的現代人必看的著作。

無生死之道

盛永宗興／著
郭敏俊／譯

面對人生的生老病死，您作何感想？對於世間一切的生生死死、死死生生，感到迷惑不解嗎？請聽日本著名禪師盛永宗興娓娓道來，以生活化、深入淺出的例子，帶領我們參透生與死的迷霧，體會「一期一會」、「遊戲三昧」的生命哲學，活在每一刻當下，生死將不再是人生痛苦的代名詞。

凝視死亡之心

岸本英夫／著
闞正宗／譯

本書是日本已故宗教學者岸本英夫與癌症搏鬥十年的心路歷程。當獲知罹癌，並被宣判只剩半年壽命後，他除了接受必要的手術治療外，也開始思索生命的本質，並陸續寫下手術前後，他在死亡威脅下的心理調適和哲理思考，他也因此將肉體生命從半年延長為十年。這其中艱苦的奮鬥歷程，句句珠璣，斑斑血淚，值得品味。

美國人與自殺

赫華德·庫盧諾／著
孟汶靜／譯

本書從心理、文化的角度探討美國人的自殺行為，並以十分具有啟發性的方式，陳述出過去三百年來西方社會對自殺行為的探索過程。作者成功地綜合了西方各學派分歧的自殺行為理論，而發展出一套嶄新且具有說服力的論點，在心理與歷史學界贏得極高的評價，對研究早期華人移民的自殺行為亦有助益。

宗教的死亡藝術

肯內斯·克拉瑪／著
方蕙玲／譯

本書以比較性、宗教性的方法，探討世界主要民族與宗教關於死亡、死亡的過程以及來生等等課題所採取的態度與做法。讀者將可發現，書中所列舉的每一項宗教傳統，都在指導它的實行者，不僅在死亡前，同時就在死亡的片刻裡，就能技巧地掌握死亡。死亡可說是一門牽涉到肉體死亡與再生經驗的宗教性藝術。

禪僧與癌共生

鈴木出版編輯部／編
徐明達
黃國清／譯

一位因罹患癌症而被宣告只剩三年生命的禪僧，如何活在癌症的病魔下，如何掌握人世間的生死，將餘生投注在什麼地方？本書即是與已故荒金天倫老和尚（日本臨濟宗方廣寺第九代管長）交往過的人，藉他們的證言撰集而成的報導文學，將老和尚以三年餘生充實為精神上三十年的生命風采，再度活現於紙上。

死亡的科學

品川嘉也／著
松田裕之
長安靜美／譯

人為何一定得經歷死亡?老年是否真的是人生的累贅?「腦死」就意味著「死亡」嗎?……這些疑問，在本書中都有詳盡的討論與解答。作者從生物學的角度出發，探討與生物壽命有關的種種議題，進而提出人類面對生死問題時應有的認識與態度，是一本將死亡學提昇到科學研究的難得之作。

死亡的真諦

小松正衛／著
王麗香／譯

當被問到:「如果人生可以重來一次，你希望擁有怎樣的人生?」多數的回答可能是出身好家庭，擁有高學歷，事業穩固，平安幸福過一生。但本書作者卻說:「世間非常艱苦，人生難行，但一路行來的人生，我還想再走一次。」是什麼樣的經歷與啟示，讓他如此達觀?請隨著作者一路前行，游入古聖先知的智慧大海……。

輪迴與轉生

石上玄一郎／著
吳村山／譯

「生死事大」，為了探究它，各種哲學與宗教已提出了許多答案，「輪迴轉生」便是其中之一。這種思想出人意料地貫通東西方，幾乎發生於同一時代。它的起源如何?呈現出那些面貌?果真能解決「生死」問題嗎?這些在本書中都有廣泛而深入的探討。

生與死的雙重變奏

齊格蒙．包曼／著
陳正國／譯

意識到必朽（死亡）與對不朽的追求，深深影響著人類的生命策略。人類社會建制與文化面向的型塑過程中，更存在著「解構」必朽與不朽的辯證和互動關係。而在「現代」和「後現代」社會，這種「解構」又出現了有別於「前現代」的許多變奏。且看包曼教授如何透過集體潛意識的心理分析，從不同角度詮釋「死亡社會學」。在必朽與不朽之間，您將重新認識現代人的社會與文化。

透視死亡

大衛．韓汀／著
孟汶靜／譯

本書所探討的論點，主要有下列幾點：一、在什麼樣的情況下，個體才算死亡？二、末期病人有沒有權利決定自己的生與死？三、器官捐贈能不能得到社會大眾的認同，進而成為一件普遍的事？作者以平鋪直敘的方法，為每一個論點作了總整理，提供讀者許多寶貴的資料與觀念，在臨終與死亡尊嚴等議題的探討上，能有進一步的認識。

看待死亡的心與佛教

田代俊孝／編
郭敏俊／譯

本書由八篇演講記錄構成，內容包括親人死亡的感受、個人的瀕死體驗、對死亡的心理準備、佛教的生死觀等，發表者有僧侶、主婦、文學家、醫師、佛教學者等不同人士，從各個角度探討死亡問題。正如主辦演講的日本「置死探生研討會」宗旨所示，如何在老、病、死的人生當中，正視死亡的事實，學習超越死亡的智慧，讓人生更加充實，是現代人的切身課題，值得大家一同來探討。

生命的終結

阿爾芬思·德根
早川一光
寺本松野／著
季羽倭文子
林雪婷／譯

在面對末期病患或臨終的人，甚至是自己生命的終結時，我們能做些什麼？該做些什麼？是本書所要探討的主題。四位作者分別從死亡準備教育、醫療與宗教、臨終看護等專業的角度，提供他們寶貴的經驗與意見，是關心此一議題的讀者最佳的參考。透過討論死亡，了解死亡，我們的生命必能更加美好。

從容自在老與死

日野原重明
早川一光
信樂峻麿／著
梯實圓
長安靜美／譯

隨著高齡化社會逐漸到來，種種老年心理與生活的調適、老年疾病的醫療、安寧照護等等問題，一一浮上檯面，這也是每個家庭和個人都要面對的問題。本書從接受老與死、佛教的老死觀、老年與疾病、末期照護等等角度，提出許多觀念與作法。藉由思考生命末期與老和死的種種課題，期望每一個人都能獲得一種從容自在的智慧與人生。

生與死的關照

村上陽一郎／著
何月華／譯

死永遠超越我們人類的「理解」，人類如果不能體認這個事實，醫療便會陷入「器官醫學」的窠臼之中。作者透過對現代醫療種種問題的根本探討，如醫療倫理、醫院內部感染、器官移植、安樂死、腦死、告知權、愛滋病等，重新思考生為何物？死為何物？什麼才是正確的醫療？觀念新穎，析理深刻，是您不可錯過的一部「現代醫療啟示錄」。

超自然經驗與靈魂不滅

卡爾・貝克／著
王靈康／譯

自古以來，人類對來生的想像便不曾中輟。「第六感生死戀」、「穿越陰陽界」等電影的風行，正反映現代人對轉世與投胎的濃厚興趣。但西方的唯物論和科學主義卻斥為迷信，到底孰是孰非？本書即在透過科學化的研究，深入探討死亡過程的異象與靈魂不滅的假設。顯像、附體、前世記憶、臨終體驗等現象是真是假？當生命結束後，人類某些「重要特質」會繼續存在嗎？本書有您想知道的答案。

超越死亡

霍華德・墨菲特／著
方蕙玲／譯

莎士比亞稱死亡為「未被發現的國土」，因為尚無人能像哥倫布發現新大陸一樣，在造訪該地之後回來向世人述說他的經歷。但自莎翁時代以降，有關這項古老秘密的研究工作，已有不一樣的風貌，本書即是其中的佼佼者。作者透過宗教、哲學、神秘主義以及經驗證明等比較觀點來檢視死亡，為我們揭開死後生命世界的奧秘。

生命的安寧

鈴木莊一等／著
徐雪蓉／譯

有別於一般病人，末期病人的醫療與照顧，需要我們投注更多的關注與特別的方式，才能幫助病人安寧地走完人生。本書六位作者分別站在醫療與宗教的角度，透過親身體驗，以「從初期護理看末期醫療與宗教」、「宗教對醫療之重要性」、「佛教福利與末期護理」、「日本療養院的宗教與醫療」為題，提出他們的看法，值得大家參考。